做一個與眾不同的
職場新人

118個
高效
工作 法則

讓前輩不記住你都難！

陳亞明 著

從時間管理到技能優化，全面提升工作表現，成為頂尖人才

EFFICIENT WORK RULES

從規劃到實踐，助你順利度過難關｜營造優良形象，贏在第一印象
快速融入職場，獲得同事和上司的認可｜贏得信任，掌握職場生存之道
精準溝通，讓工作事半功倍

目錄

序言

PART ONE　闖過新人難關

01　像 HR 一樣做好職場規劃 …………………016
02　職場新人的第一目標不是賺大錢 …………019
03　找到自己的天賦,明確職場方向 ……………022
04　要有職場心態,而不是學生心態 ……………024
05　職場新人要甘做「小蘑菇」……………………027
06　職場新人多實幹,少妄議 ……………………030
07　分到冷門職位別心急 …………………………032
08　對自己投資才是最大的職場紅利 ……………034
09　做好個人標籤管理 ……………………………036
10　重視第一印象 …………………………………038
11　聽得老人言,前程在眼前 ……………………039
12　別把年資當資歷 ………………………………041
13　工作有時候要「先結婚後戀愛」………………043
14　沒有人是不可替代的 …………………………045

目錄

PART TWO　弄懂職場禮儀

15　職業著裝要符合場景 …………………………048
16　與人相處注意物理距離 ………………………051
17　職務稱呼「叫大不叫小」 ……………………053
18　職場位置安排有講究 …………………………055
19　車內座位不能隨便坐 …………………………057
20　職場異性交往有禁忌 …………………………059
21　工作用餐別出格 ………………………………061
22　敬酒文化要知曉 ………………………………063
23　不隨便幫上司買單 ……………………………066
24　正確的「廢話」也必要 ………………………068
25　官腔並非裝腔作勢 ……………………………070
26　潛臺詞裡學問深 ………………………………072
27　請假非小事 ……………………………………074
28　不傳遞模糊訊息 ………………………………076
29　學會管理微表情 ………………………………078
30　小細節，大修養 ………………………………080

PART THREE　贏得上司讚賞

31	忠誠比能力重要	084
32	與上司保持同頻	086
33	學會向上管理	089
34	合理設定上司的預期目標	091
35	及時向上級彙報	093
36	彙報重視量化表達	096
37	越級彙報是「雷區」	098
38	請示工作要帶上解決方案	100
39	讓老闆有優先資訊知曉權	102
40	公開的越級機遇要珍惜	104
41	善歸於上	106
42	老闆的話，不能全當真	108
43	學會適當給上司派點活	110
44	不當面頂撞上級	112
45	自作主張是大忌	114
46	幫助上級做正確的決策	116
47	有些事只能做，不能說	117
48	「樹立威信」是新官上任第一把火	119
49	老闆「身邊人」很重要	121
50	老闆單獨狠批，是愛不是恨	123
51	不在有矛盾的上級間傳話	125

目錄

52　出色的業績並非萬能……………………127

53　上級挑你毛病是慣用管理手段……………129

54　上級不麻煩你，就是拋棄你………………131

55　「冷廟燒香」也會有意外收穫……………133

PART FOUR　營造團隊氛圍

56　學會經營職場形象…………………………136

57　多個朋友多條路……………………………138

58　私人關係決定職場溫度……………………140

59　關係都是「麻煩」出來的…………………142

60　跟對人，站對隊伍…………………………144

61　同事沒有幫助你的責任……………………146

62　朋友圈不在於大，而在於合理……………148

63　別人記住了你，就等於選擇了你…………150

64　職場要有權力，也要有魅力………………152

65　「鐵公雞」沒有好人緣……………………154

66　讚美要真誠…………………………………156

67　批評忌直白…………………………………158

68　拒絕有技巧…………………………………160

69　記住別人的名字……………………………162

70　能幹的不如會說的…………………………164

71　承諾就是欠債………………………………166

72	好事見者有份	168
73	娛樂活動少爭輸贏	170
74	公開場合避免爭吵	172
75	言多必失，禍從口出	174
76	既是豆腐心，何必刀子嘴	176
77	勇於責己是加分項	178
78	不必事事看別人臉色	180
79	關鍵時刻要有個性	182
80	一個好漢三個幫	184
81	不要僅從表象看人	186
82	好為人師不如讓人為師	188
83	失意人前不談自己的得意	190
84	顯山露水要合時宜	192
85	與菁英為伍	194
86	職場友情都是「塑膠」的嗎	196
87	牢騷太多易斷腸	198
88	天下沒有免費的午餐	201
89	「群眾領袖」權力大	203
90	謀事要密	205
91	捧殺是最溫柔一刀	207
92	沒有什麼對事不對人	209
93	小心那些居心不良的「祕密」	211

目錄

94 寧得罪君子，不得罪小人……………213
95 辯證看待「背鍋」……………215
96 亡羊必須補牢……………217

PART Five　學會高效工作

97 通勤時間也是寶貴資源……………220
98 壓線上班不太好……………222
99 不可追求準時下班……………223
100 專業技能不是萬能的……………225
101 重視自己的可遷移技能……………227
102 自我表揚也是必不可少的能力……………229
103 隨時記錄是認真的一種展現……………231
104 上級不在時，一樣工作……………233
105 拖延是不受待見的壞習慣……………235
106 發揮優勢比改正缺點更重要……………237
107 職場溝通，結論先行……………239
108 當面溝通不可忽略……………241
109 私下溝通比正式溝通重要……………243
110 事先溝通重於事後溝通……………245
111 書面溝通前宜先口頭溝通……………247
112 沒有森林，也要有盆景……………249
113 學會補臺，不要拆臺……………250

114	急事緩辦，緩事急辦	252
115	抓本質、抓重點、抓關鍵	255
116	小事也要做到極致	257
117	冷板凳也要坐熱	260
118	不要自我設限	262

目錄

序言

　　三十年前，我大學畢業跨入職場。從一名工廠技術員起步，先後在國營事業、中美合資公司、地方金融機構、上市銀行等多個企業和部門工作。我從初出校門的懵懂少年成為一個中年大叔，事業上也小有成就，成長為一家上市銀行分行行長。

　　三十年職場生涯的實踐磨練，加之持續地學習和閱讀，使我對職場的感悟不斷豐富。為此，我嘗試寫了人生中的第一本書，這本書作為寫給團隊成員的職場實戰手冊，出版後得到了一些讀者的肯定。他們認為，書中提供的關於團隊溝通的常識、能力和思維，帶給職場人士很大的幫助。由此，一些讀者希望我能從個人經驗出發，總結一些職場的規則和技巧給年輕人，幫助他們少走彎路。基於此，才有了這第二本書。

　　對於大多數人而言，職場生涯是一生中很重要的歷程。在這一階段，大家透過職場打拚來獲取報酬、提升才能、成就事業、體驗人生。職場是一個龐大的體系，無論是體制內還是體制外，都有其獨有的執行機制，職場規則需要大家共同遵守。這些規則有些是有明文規定，比如作息制度、工作

序言

流程等。大家都需要按這些規定去執行，這很容易理解和接受，尤其是對於「職場小白」們。

而有些規則沒有明文規定，是大家在日常工作中逐漸約定俗成的，這就是俗稱的「潛規則」。提到潛規則，人們常常會聯想到職場陋習，但實際上職場潛規則涉及面非常廣，內涵非常豐富，有很多潛規則對職場的良性運轉發揮著積極作用。由於潛規則依靠職場人口口相傳、各自領悟，這使得很多人，尤其是「職場小白」們，難以了解，更談不上合理運用。有時你不經意間的一個小舉動，你自己或許都沒當回事，但說不定已經給別人留下一個深刻的印象。我在三十年職場生涯中，也曾多次遇到這樣的檻，幸虧常有貴人指點，才讓我不斷總結、精進成長。為了讓更多職場人，尤其是「職場小白」熟悉職場規則，有效避坑，我將日常工作中總結提煉出來的 118 條職場規則整理成冊，供大家參考。

需要說明的是，職場規則，尤其是潛規則，不僅涉及面廣，而且本身就沒有嚴格定義，屬於仁者見仁、智者見智的問題，特別是在不同的場景之下，這些規則的含義和作用也是不一樣的，無法固定為一個模式，需要當事人靈活運用。加之筆者對此研究還不夠深入，書中難免有不足之處，敬請批評指正。

藉此機會，我要感謝自己三十餘年職場生涯中眾多主管尤其是現在部門主管的厚愛和同事們的支持，讓我的職場感

悟不斷豐富；也要感謝萌姐、秋葉大叔、剽悍一隻貓以及眾多友人的傾情力薦。最後，我要感謝身邊的朋友和廣大讀者，是你們的鼓勵一直激勵著我，讓我有信心把職場心法寫出來，與大家分享交流。

序言

PART ONE　闖過新人難關

01　像 HR 一樣做好職場規劃

職場金句

- ◆ 今天你如果不生活在未來,那麼,明天你將生活在過去。
- ◆ 要像公司的 HR 一樣去主動謀劃、確定目標、自我培養、自我成長。
- ◆ 能夠在普通員工中脫穎而出,躍升為管理層的人,就是那 3% 有清晰目標的人。

有一句話說得好:今天你如果不生活在未來,那麼,明天你將生活在過去。職場人走向成功的第一步就是做好對自己未來的規畫。

我們知道,職業規劃是指個人發展和組織發展相結合,透過對職業生涯的主客觀因素進行分析、總結和預測,確定一個人的奮鬥目標,並為實現這一目標而預先進行系統性安排的過程。

很多人把職場規畫當作人力資源的職責,終其一生也就順應組織安排,按部就班地工作。實際上,真正要規劃職業

生涯發展的是當事人自己。我們要像公司的 HR 一樣去主動謀劃、確定目標、自我培養、自我成長。比如，一個銀行分行的管理幹部，在零售部負責人職位上做得較為熟練，成績也不錯。但此時銀行高層並不重視零售業務，這個職位晉升空間有限，於是這個銀行管理幹部主動要求同級別調整到支行擔任行長。在工作期間，他的個人能力得到充分鍛鍊，支行考核業績連年排名靠前，他很快被提拔為分行行長助理。

據調查，職場新人中，27%的人沒有目標，得過且過；60%的人目標模糊；10%的人有清晰但較短期的目標；3%的人有清晰和長遠的目標。最後能夠在普通員工中脫穎而出，從普通職位躍升到管理層的人，就是那3%有清晰目標的人。

2021 年，一個 22 歲入職格力半年的女孩，董明珠的祕書孟羽童在網上紅了。僅微博熱搜的相關內容就高達 3 億的點閱量。董明珠親自為她站臺，在一場活動中向媒體介紹她並直言：「我希望她能在我身邊，我要把她培養成第二個董明珠。」這個讚譽實在是太難得，引發網友熱議。

對於任何一個職場新人來說，這都是近乎夢幻的開端。沒有無緣無故的「天降驚喜」，從孟羽童畢業前到走入職場，我們可以清晰地看到，這是一個對自己的職業生涯有清晰規劃的人。她在學校期間，就參加過益智答題類節目。2021 年 4 月，她參加真實職場的關懷類節目，並獲得格力集團的轉正名額，一躍成為董明珠的祕書。

當大家都以為她只是一名祕書的時候，她又開始涉足直

PART ONE　闖過新人難關

播帶貨領域。一個名為「明珠羽童精選」的抖音帳號悄然註冊,她在抖音、微博、小紅書等平臺,也迅速圈粉,熱度飆升。孟羽童已經是董事長祕書了,還能經常產出內容,可見,孟羽童對自己的定位,不僅僅是老闆身邊的人,她還要結合自己的特長,做一名帶貨主播。

難怪有網友如此分析這一事件:董明珠培養孟羽童,培養的不是職位,而是能力;傳播的不是個人,而是人設;定位的不是祕書,而是主播。

02 職場新人的第一目標不是賺大錢

職場金句

- ◆ 職場新人不要把經濟收入作為選擇行業和職位的第一選項。
- ◆ 決定你的薪酬的往往不是你個人的能力,而是這個平臺的價值。
- ◆ 職場起步階段,在正確的時間進入優秀平臺學習,提升自己的綜合能力,遠比薪酬高低重要得多。

抓住趨勢行業還是守住剛需行業?選喜歡的職位還是選薪水高的職位?是進入機關辦公室事少、輕鬆好一些,還是進入基層一線磨練自己為好?初入職場,每一個人都會面臨這些現實問題,答案也千差萬別。

但整體而言,職場新人盡量不要把經濟收入作為選擇行業和職位的第一選項。對於職場新人來說,以下兩個方面的選擇更為重要。

初入職場,選對平臺很重要。在如今的社會中,決定你

PART ONE　闖過新人難關

職業薪酬的往往不是你的個人能力，而是這個平臺的價值。在正確的時間進入優秀平臺學習，提升自己的綜合能力，遠比薪酬高低重要得多。選對了，你就找到了事業起步的動力，有了飛起來的可能。沒選對，你就是推著石頭往山上走的「薛西弗斯」，不僅累，還可能隨時會被山上滾下來的石頭給打落。

　　初入職場，從底層做起才能厚積薄發。據說每一位新員工進入華為公司的時候，華為都會發一份《致新員工書》，其中有這樣的致辭：「『您想做專家嗎？一律從工人做起』，這個理念已經在公司深入人心。進入公司一週以後，博士、碩士、學士以及在其他地方取得的地位均消失，一切憑實際才幹定位。」、「您需要從基層做起，在基層工作中打好基礎、展示才幹。」、「公司永遠不會提拔一個沒有基層經驗的人來做高階主管工作。遵照循序漸進的原則，每一個環節、每一級臺階對您的人生都有巨大的意義。」

　　的確如此，員工只有從最基礎的工作開始做起，才會了解並熟悉整個工作環節的流程，進而才會慢慢成長為該領域的專才。

　　小姜從日本留學回國後，順利進入一家銀行工作。因為小姜的父親在當地政府擔任要職，小姜從入行的第一天開始，就任職資源型客戶經理。小姜主要負責地方政府財政性存款的穩存、增存，他每個月總能拿到不菲的薪資、獎金。

但是，不久後，小姜就向單位提出了辭職，去了外地的一家日資銀行工作，從銀行的基礎業務開始學起，雖然收入下降了很多，但小姜覺得在新的環境中自己得到了更多的學習和鍛鍊的機會。經過兩年的鍛鍊，小姜的業務能力更加突出，很快獲得了晉升、加薪的機會。

03　找到自己的天賦，明確職場方向

職場金句

◆ 方向沒選對，努力全白費。
◆ 天賦並不是少數人的專屬，每個人都有自己的天賦。

優勢心理學之父唐諾・克里夫頓博士（Donald O. Clifton）於 1998 年出版了一部管理類暢銷書《發現我的天才：打開 34 個天賦的禮物》（*Now, Discover Your Strengths*）。在這本書裡，唐諾發表了一項長達 50 年、基於 200 萬人的研究成果，那就是：人們成功的根本原因就在於將自身天賦發揮到極致。更重要的是，唐諾還指出：天賦並不是少數人的專屬，每個人都有自己的天賦。

天賦其實就是一個人隱藏的能力，可以讓你在同樣起點的情況下，更加快速地成長。初入職場的新人，可能對自己的定位還不那麼準確，這會影響你職場的發展。俗話說「方向沒選對，努力全白費」，那麼如何發現自己的天賦呢？你可以問自己四個問題：

- 我是不是對這個領域無比熱愛、特別有信心？
- 我還未進入這個領域，是不是已經迫不及待地想要嘗試？
- 在這個領域，我是不是一接觸就明顯比別人進步得要快一些？
- 做完這件事之後，就算感到疲勞和睏倦，我是不是依然會有滿足感？

根據以上問題，將自己的性格特徵、行為習慣、興趣愛好列出來，你會找到屬於你的天賦領域。

04　要有職場心態，而不是學生心態

職場金句

> ◆ 要想發展順利，心態必須端正，學生心態不是職場心態。
> ◆ 職場心態是一種主動接受的、為完成自我累積而工作的積極心態，是一種精準掌握思維緯度和做事經度的心態，是一種試圖超越量化目標而做到更加完美的心態。

從學生時代步入職場，這一階段是每個人人生的一個重大轉折。但職場不是學校，沒有傳道授業解惑的老師，也沒有人會心甘情願地做你的老師。在職場上，要想發展順利，心態必須端正，學生心態不是一個好的職場心態。

所謂學生心態，就是一種被動接受的、以完成量化任務為終極目的的心態，是一種遵循現有模式做事的心態。通俗地講，就是老師安排什麼，學生就做什麼；老師沒有安排，學生就可以不做。但進了職場，這種學生心態、學生思維就

是一種消極解決問題的思維方式。

職場心態是一種主動接受的、為完成自我累積而工作的積極心態，是一種精準掌握思維的緯度和做事的經度的心態，是一種試圖超越量化目標而做到更加完美的心態。職場人應當思考的是，工作任務是什麼，考核目標是什麼，自己在日常工作中如何創造價值等等，為完成工作任務或業績成長積極主動做出有實質意義的貢獻，而不是被動聽指示、等人帶、算自己的小費。

必須看清楚的是，在職場所做的一切，表象上是為部門、為事業、為別人，實際上都是在為自己，你為了自己獲得報酬、獲得經驗、爭取舞臺，為今後更好地發展獲得經驗與做足準備。

小吳是一家銀行的客戶經理，每天早出晚歸，部門經理吩咐的事情總能很快得到響應，同事有問題也喜歡找他幫忙。但小吳的工作業績總是上不去，產能太低，收入也就很低。後來，公司主管幫小吳調整了職位。

到了新職位後，部門經理發現小吳嚴重缺乏組織紀律的觀念，自我安排工作的能力也不足，日常工作需要部門經理逐一交代，對工作本身與工作目標之間的連繫缺乏理解，紕漏頻出，嚴重影響了部門工作。不得已，部門經理最後又把小吳調整回了原職位。

PART ONE　闖過新人難關

　　小吳這樣的經歷，正是因為他在工作中長期形成了消極的學生心態，「等、靠」思維嚴重。所以也就不難理解，為什麼小吳在銀行工作了近十年，還停留在「職場小白」階段，依然只能被動地聽指示、等人帶。

05　職場新人要甘做「小蘑菇」

職場金句

◆ 職場新人就像一個小蘑菇，雖在陰暗潮溼的地方，但不妨礙他們默默生長。

◆ 做小伏低、端茶送水是「職場菜鳥」必經的成長歷程。

◆ 一個人現在不打雜，以後終究要打雜；一個人現在打雜，以後終會不打雜。

有一個很有意思也很實際的話題：職場新人需要放低姿態，為老闆及職場前輩們「端茶送水」嗎？

在以前，這個答案似乎是顯而易見的。我們剛參加工作的時候，經驗老到的師父們都直接跟我們說：「年輕人們都要機靈點，見人奉茶遞菸，坐椅子坐半邊。」如今時代不一樣了，職場新人真的還需要做小伏低、端茶送水嗎？

在實際工作中，由於職場新人缺乏實際工作經驗，沒有融洽的社會關係和深厚的資歷，無法發揮重大作用，常常會被職場上經驗豐富的前輩們差使，做一些打雜的瑣碎工作；

PART ONE　闖過新人難關

功勞簿上沒名沒姓，出了差錯，無奈「背鍋」。但職場新人就像一個小蘑菇，雖在陰暗潮溼的地方，卻依舊可以默默生長。

現在有些年輕人，在家裡嬌生慣養，到單位也是一副養尊處優的模樣，工作起來怕苦怕累。實際上，讓新人做累事、髒事、雜事，不僅能讓大家感覺到新人的誠實、勤奮、可靠，也能讓大家盡快從心理上接受你。因此，做小伏低、端茶送水是「職場菜鳥」必經的成長歷程，不要輕易將「端茶送水」視為職場不公，甚至是職場欺凌，而要像小蘑菇一樣，在汙水、腐草中也能汲取營養。

三十年前，我大學畢業參加工作時，雖然所在職場幾個部門只有我一個日間部大學畢業生，但我依然每天早上提前半小時到辦公室幫幾個科室打掃環境、擦辦公桌、燒開水，為主管和同事泡茶，到傳達室拿當日報刊，任勞任怨，但即便如此，有些資深同事還嫌茶葉放得少、味道淡，對我頗有微詞。但也正是由於我的堅持、努力，給大家尤其是老闆留下了好印象，加上其他機緣，我工作兩年就被提拔為部門中階管理者。

每個人的一生，可能有多半時間都在打雜，有了機會，你才能做一些重要的事情。前面十幾年、二十年的雜事，你是一定要做的。不打雜，人家怎麼了解你呢？

1990 年,前段大學畢業的陳居禮去一間玻璃有限公司求職,沒想到公司創始人看了一眼他的履歷,就打發他去鍋爐房拉板車。陳居禮雖然不理解,但還是在悶熱的鍋爐房堅持工作了七年。

七年後,創始人把陳居禮喊到自己的辦公室,問他:「你明明是個高材生,為什麼甘願在我的公司打雜那麼久都不離開?」陳居禮回答道:「我來這間公司,是因為相信你能帶我發展得更好。」此後,陳居禮被派往香港分公司任總經理,並最終成為集團副總裁。

陳居禮說:「我記得畢業那天,老師說過一句話,一個人現在不打雜,以後終究要打雜;一個人現在打雜,以後終會不打雜。」

他認為,每個人的一生,可能有多半時間都在打雜,有了機會,你才能做一些重要的事情。前面十幾年、二十年的雜事,你是一定要做的。不打雜,人家怎麼了解你呢?

PART ONE　闖過新人難關

06　職場新人多實幹，少妄議

職場金句

◆ 聞道有先後，術業有專攻，職場小白切忌認為自己有高於常人的見識和想法。

大多數人剛進入職場的時候，往往是一張白紙，也就是職場老人眼中的「小白」，因為沒有經驗，不諳世事，所以只會「本色出演」，會什麼、不會什麼、喜歡什麼、討厭什麼、想什麼、要什麼，會直接表現在臉上，甚至直接表達出來。

但他們又大都是剛從大學的象牙塔中走出來，內心充滿了激情與理想，想要指點江山、激揚文字。這時，就需要注意，一定要放棄各種想法，埋頭多幹事，腳踏實地、行穩致遠，進而才能有所作為，空談、高談會得不償失。

聞道有先後，術業有專攻，「職場小白」切忌認為自己有高於常人的見識和想法，起碼要在站穩腳跟，摸清情況後，再做出正確的判斷，提出切合實際的建議和意見。

華為曾有個新員工是一位高材生，他入職華為不久，就對公司的經營策略問題提出了自己的想法和建議，並洋洋灑灑地寫了一封「萬言書」給公司總裁。但公司總裁這樣批覆：建議辭退此人。

馬雲說過，剛來公司不到一年的人，千萬別給我寫策略陳述，千萬別瞎提發展大計，你成為員工三年後，你講話我必然洗耳恭聽。

雷軍也曾說，加入公司半年時間內，對公司的策略和業務，先不要提意見。年輕人有熱情、有想法、喜歡提意見，但在你不了解實際情況的時候，你的建議往往有失偏頗，多聽、多看、多想，對新員工來說更重要。等你真正了解了公司，我期待你盡情去表達你的想法，盡情指點江山，盡情用你們的熱情和行動推動改變的發生。

07　分到冷門職位別心急

職場金句

◆ 有時候，冷門職位遇到的競爭小，更容易做出成績來獲得晉升籌碼。

很多新人因為初入職場，工作經驗不足，也沒有明確的職業規劃，任由人力資源部分配，這難免會被分到冷門職位。很多人可能就會自怨自艾，認為自己時運不濟，或是舉步不前，聽天由命。但是，我們完全可以坦然面對這種局面，因為有時候，冷門職位遇到的競爭小，更容易做出成績來獲得晉升籌碼。

不同的職業平臺，對於職業生涯的發展，可能會有不同的價值。有人看重單位的核心業務、核心技術或核心產品所在的部門，這些部門固然有較好的前景，但也會遇到更有力的競爭者，職業發展道路和程序也較為固化。反觀一些所謂的冷門職位，大家不關注，期望值小，精兵強將看不上，這也許是一條更為寬廣、更好走的路。想要在未來彎道超車、

迅速升遷，可以從現在開始，找到尚未被充分開發利用的位置，尋找新突破。

日本的「經營之聖」稻盛和夫小時候家境貧寒，12歲時還被傳染了結核病差點死掉。長大後他好不容易找了一份在陶瓷廠上班的工作，但工廠的工作環境和待遇條件都很差，有時候連薪水都發不出來。和他一起上班的同事不堪重負，紛紛辭了職，最終只留下了稻盛和夫一人。

但是他並沒有氣餒，也沒有因為進了一個快要倒閉的企業，入職了一個冷門的職位而放棄自己的努力。他天天研究陶瓷技藝，經過不懈的努力，研發出了當時世界上非常先進的陶瓷產品，將一個瀕臨破產的公司挽救了回來。

27歲那年，他毅然辭職，憑著自己在陶瓷廠學到的本領，開始創立自己的公司──京都陶瓷株式會社，並在39歲時帶領公司成功上市。

08　對自己投資才是最大的職場紅利

職場金句

◆ 要想在新人中脫穎而出，就要捨得投資自己，保持時刻學習的能力。
◆ 初入職場，CP 值最高的學習方式就是深度閱讀。

不能輸在起跑線上，是我們經常聽到的一句警示。年輕人從校園邁入職場，就是進入了一個全新的賽道。職場中，企業會透過不同方式組織展開對新人的系列培訓，期望新人盡快適應職位，完成工作任務，做出成績，為企業和社會做出貢獻。

但現實生活中，很多同年或前後差不多幾年進入企業的新人，在同樣的工作環境下，經過數年發展後，會拉開很大的差距。為什麼會這樣呢？

原因是多方面的，但整體而言，現在的社會變化速度越來越快，各種知識和技能很容易被淘汰，要想在新人中脫穎而出，就要捨得投資自己，保持時刻學習的能力。

對自己投資，不是說要花費多少錢，而是要持續充實、提升自己。初入職場，CP 值最高的學習方式就是深度閱讀。很多人工作之後才發現，在大學中學習的知識和在工作中需要掌握的知識都是脫節的，需要自己補課、自我學習。這些學識不僅僅在於專業知識，還包括人際溝通、銷售技巧、經濟管理等方面的知識，這些都需要我們潛心學習。

特別是跟自己的職位密切相關的，更要深入研究。

09　做好個人標籤管理

職場金句

◆ 職場新人建立和維護職場人際關係的第一步：管理好自己身上的標籤。
◆ 職場新人可以充分利用自身優勢，打造良好的人設標籤。

職場交際中，不可能也沒有必要對每個人都深入了解，更多的時候，我們會使用「貼標籤」的方法，去判斷一個人的基本品性。這種方式雖然簡單粗暴，但非常有效。職場前輩們不會記住職場新人的種種細節，他們只需抓住「標籤」印象即可。

因此，職場新人建立和維護職場人際關係的第一步，就是要管理好自己身上的標籤。

職場新人可以充分利用自身優勢，打造良好的人設標籤。

這個標籤可以是能力，如擅於演講、會寫作等；可以是性格，如愛笑、說話溫柔等；也可以是行為，如一個每天跑

五千公尺的健身達人，晚上從不吃飯的人。

總之，只要是與眾不同的記憶點，是自己具備、其他人不具備的特點，都可以成為你的標籤。

職場新人最可悲的是「泯然眾人」，讓人無法為你貼標籤，這也就意味著你沒有「存在感」。有任何事情，別人不會第一時間想到你；有任何機會，也不會第一時間落在你頭上。這是最需要避免的。

當然，如果別人提到你時，聯想到負面的東西，那就是失敗的標籤管理。

哪些是良好的個人標籤？

- 小張那小夥子不錯，PPT 做得很漂亮。
- 電腦壞了找小李呀，那小子玩起電腦來可棒了。
- 小胡不愧是中文系畢業的，寫資料沒話說。
- 華子攝影技術是專業水準的，還獲過大獎。
- 試想一下，哪位優秀的職場新人不想在前輩心目中樹立這樣的印象標籤呢？

10　重視第一印象

職場金句

> ◆ 破窗效應是心理學上的一個概念,如果一幢建築有少許破窗,且那些窗不被修理好,那麼一定就會有破壞者來破壞更多的窗戶。
> ◆ 職場新人如果沒有樹立好「第一印象」,就可能會成為被大家隨意欺負的「破窗」。

身在職場,讓人留下好的第一印象至關重要。如果一開始就給人留下了「這人不靠譜」的負面印象,你就會陷入「破窗效應」的負面影響。

破窗效應是心理學上的一個概念,如果一幢建築有少許破窗,如果那些窗不被修理好,那麼一定就會有破壞者來破壞更多的窗戶。人們拿破窗效應來比喻,如果環境中的不良現象被放任存在,就會誘使人們仿效,甚至變本加厲。

職場新人如果沒有樹立好「第一印象」,就可能會成為被大家隨意欺負的「破窗」。一旦開了這個頭,就會持續引發大家對「破窗」進行「精神消費」的行為,那麼以後難免還會有更多不好的事情發生。

11　聽得老人言，前程在眼前

職場金句

◆ 經常與職場前輩交流，可以讓你提前發現和感知十年甚至二十年後的自己。

要想快速成長，那就要站在巨人的肩膀上。哪些人是巨人，除了部門大主管外，身邊的前輩和師父也是不可忽視的巨人。職場前輩也是一個寶藏，儘管他們受年齡、教育程度等影響，衝勁、豪情、新知識等方面可能不如年輕人，但他們的經驗、閱歷都是寶貴的財富，尤其是對職場潛規則和單位發展歷史的了解，對經營管理業務背後的邏輯關係的認識，對複雜疑難問題的處理等等。在這些方面他們會是你重要的指導老師，讓你少走彎路、減少失誤。

在我們身邊，確實有一些前輩綜合素養跟不上時代，工作狀態也不好，甚至有倚老賣老、自以為是的情況，但這畢竟是個別現象。大多數前輩在多年的工作中累積了豐富的經驗，為企業的發展貢獻了青春，值得我們尊敬。年輕人不能簡單把前輩看成包袱，不能狂妄自大，而是要把他們當老師，虛心請教、學習，幫助自己更好地成長。同時，經常與

PART ONE　闖過新人難關

職場前輩交流,也可以讓你提前發現和感知十年甚至二十年後的自己。以前輩為鑑,借鑑他們的經驗豐富自己,借力前輩,能夠幫助你贏在職場新起點。

大學生李玉畢業後進了一家國營事業,剛入職就接了很多工作,有同事給的,有其他部門做專案橫向合作的,還有主管指派的,每天都加班到很晚。但因為是新人,李玉不懂得拒絕,只能一個人默默忍受。

坐在李玉隔壁的是五十歲左右的王老師,王老師是這裡的元老級人物,專業技術精湛,是一把技術好手,在單位也有極高的威望。王老師實在看不下去了,就開始有意無意地點撥李玉:

「這個工作哪來的呀?」

「專案部潘主任交代的工作。」

「為什麼你來做呀?」

「他說他們部門開發人員不夠,讓我配合一下。」

「你這是配合還是主責呀?」

「基本都是我做的。」

「發獎金給你沒有?」

「沒有。」

「主管有沒有誇你呀?」

「沒有。我知道了,下次不接了。」

王老師有意無意地點撥,讓李玉恍然大悟。

12　別把年資當資歷

職場金句

◆ 在企業工作二十年，很多時候並不代表你擁有二十年資歷，也許你只是將第一年的工作重複了十九次而已。

新人往往對職場論資排輩的現象頗有意見，但往往在職場中，在實力和效益面前，是不會排資論輩的。

在一個企業裡面，我們認真觀察就會發現，對於職務提升、職稱評定、績效獎金發放等，不完全是按員工年資長短來安排的。也就是說，職場人的年資不等於資歷，不是每個人在單位混上一二十年，就都能像別人一樣熬出頭，去做主管、拿高薪。在企業工作二十年，很多時候並不代表你擁有二十年資歷，也許你只是將第一年的工作重複了十九次而已。只有每年都有成長，每年做出新的貢獻，才會有新的經驗，才會逐漸成為一個有資歷的職場人。否則，你只會永遠停留在最初起步時的那個位置。

比如同一學校同一班級的兩個大學生，同一天到同一家

PART ONE　闖過新人難關

銀行上班，二十年後，其中一個已成長為銀行行長，另一個卻仍在基層做具體操作層面的工作。看起來都是一樣的起點、一樣的資歷，但後續發展結果完全不一樣。

　　2021年熱播的電視劇中，作為新時代女性的建築估價師蘇筱在經歷了一系列挫折和質疑後，跌到了事業谷底，進入小公司從基層做起。

　　在新公司中，蘇筱憑藉其主導的分包商評估系統、全面預算管理等創新管理模式，在短短兩年內連升三級，進入公司所屬的集團公司管理層。

　　而劇中，蘇筱的師姐，研究所畢業後即在集團人事部工作的吳紅玫，則一直在應徵管理職位步履維艱。吳紅玫在集團的年資更長，可她只是把應徵這份工作的經驗重複了很多年而已，不能轉化為自己的資歷，自然也就談不上能力。

13　工作有時候要「先結婚後戀愛」

職場金句

◆ 不是要等你愛上了才去做這份工作,而是要在工作中,用業績和肯定讓你獲得價值感,然後你才會愛上這份工作。

這世上沒有完全合適的工作,即使當初你覺得合適,但真正了解之後,你發現你還是不喜歡它,那時你會怎麼辦?如果懷著濃厚的興趣工作了一段時間後,你出現了職業倦怠,你又會怎麼辦?

其實,這世界上沒有一份工作是輕鬆無壓力的,也沒有一份能夠一直順利發展下去的工作。無論我們選擇的是自己喜歡的,還是不喜歡的工作,在工作中我們都會遇到難題、阻礙和挑戰,都會產生對工作的懈怠和厭倦,都會有感覺熬不下去了的時候,這些都難以避免。但我們在遇上這些困惑時,能夠做的就是享受現在的工作,享受工作的成效帶給你的激勵,只有這樣才能在未來做出更好的成績。

一句話,不是要等你愛上了才去做這份工作,而是要在

PART ONE　闖過新人難關

工作中，用業績和肯定讓你獲得價值感，然後你才會愛上這份工作。

稻盛和夫剛進公司時，被指定去研究陶瓷的新材料，這個領域當時還是一個未知的世界，缺乏可靠的研究數據。另外，公司當時條件很差，也沒有什麼像樣的實驗裝置，更沒有上司或前輩可以指導他的工作。在這樣的環境裡，要做到「熱愛自己的工作」實在不容易。

但是辭職轉行沒成功，稻盛和夫只好留在這裡。於是，他決定改變自己的心態。「埋頭到工作中去！」即使做不到很快就熱愛工作，但至少「厭惡工作」這種負面情緒必須從心中排除。

而在這個過程中，稻盛和夫開始漸漸地被新型陶瓷的魅力所吸引，他也逐漸預知到，新型陶瓷中或許隱藏著一個不可思議的、美好的前景。

「這樣的研究，恐怕大學裡也不會有吧，或許全世界也只有我一個人在鑽研。」這麼一想，他覺得枯燥的研究也變得熠熠生輝起來。

開始時，稻盛和夫大多是強迫自己，但不久後，他的想法就已經超越了喜歡或不喜歡這樣的層次，因為他感受到了這項工作所包含的重大意義。

14 沒有人是不可替代的

職場金句

> ◆ 公司對於每一個人來說都是平臺，你離開了，公司照樣運轉。
> ◆ 你覺得公司離不開你，其實只是你自己的錯覺。

　　新人在入職的前三年裡，是最容易離職的。這可能是因為，一方面，職場新人年輕且有衝勁，可以接受頻繁地辭職、求職；另一方面，當下年輕人缺乏對自己的正確認知。

　　經過兩三年的職場打拚，很多職場新人開始小有成績。如何看待自己的能力與成績，如何處理自己與所在平臺的關係，是擺在他們面前的新課題。我們經常能聽到年輕人說這樣的話，「我不做了」「這些都是我應得的」「他有什麼本事？全靠我」，實際上，無論是放眼歷史，還是我們身邊的人和事，你都會發現：沒有人是不可替代的，尤其是我們這些職場普通人。部門換了主管，也一樣運轉；某技術核心人員退休了，新人頂上接著再做，更不用說初入職場的普通上班族了。

PART ONE　闖過新人難關

在我們的職業發展中,除了我們個人注重學習、提升能力、努力成長之外,上級的栽培、同事的支持、平臺的位置都是我們個人職場成功的必備要素。大量的事實告訴我們,公司對於每一個人來說都是平臺,你離開了,公司照樣運轉。

當然,人往高處走,水往低處流,在市場經濟體制下,人才流動也是很正常的現象,很多人也會因為跳槽而獲得更好的發展機會,有了更高的發展平臺。需要注意的是,跳槽應該是我們職業規畫中個人發展的轉型,而不是跟老東家叫板的理由。

剛畢業時,王天在一家小公司工作,公司規模不大,人數也不多。由於王天入職早,個人能力也凸出,他漸漸成為公司集體預設的負責人。公司幾乎什麼事情都會經過王天的手,連老闆都對他客氣三分。

從那時起,王天就漸漸有了一種感覺,覺得自己很強,好像公司離開了自己就不能運轉似的。但公司老闆卻三年沒幫他漲薪,他不滿意,找老闆要求漲薪,卻被老闆糊弄一通,仍舊沒有漲薪,於是他憤而離職。

但離職後,他找的新工作還沒有上一個好。王天後悔極了,他逢人就說:你覺得公司離不開你,其實只是你自己的錯覺,是公司提供了這個平臺給你讓你生存下去而已。

PART TWO　弄懂職場禮儀

PART TWO　弄懂職場禮儀

15　職業著裝要符合場景

職場金句

- ◆ 盡量融入環境、保持分寸,是職場人穿衣打扮的首要原則。
- ◆ 要遵循社會公序良俗,就算辦公氛圍再輕鬆,有些失禮的著裝也必須避免。

在一些職場新人看來,穿衣打扮是自己的私事,公司不應該干預,有些人看到公司發的工作服,感覺難看死了,就不願意穿。但實際上對職場人而言,我們要明白,既然踏入公司,在穿著方面就把個人私生活的部分權利讓渡給了公司。

隨著時代的進步,各行各業對職業穿著的要求也沒有那麼嚴格了,但因為穿著不合適為自己的工作帶來不必要的麻煩顯然得不償失。盡量融入環境、保持分寸、符合自己的職業風格,是職場人穿衣打扮的首要原則。

總體而言,企業有規定的,宜按規定統一穿著;企業沒

有規定的，宜與行業、職位匹配。比如，銑床工程師就不必西裝革履，汽車駕駛員就可以西裝革履，科技公司員工可以穿 T 恤衫、外套、牛仔褲，電影院、超市等服務性行業員工宜著正裝。

乾淨整潔是穿著的基本要求，尤其是襯衫、西褲要平整、不起皺。同時，要注意合理搭配，服裝、鞋帽、配飾要搭配和諧。除了公務、社交等特殊場合，一般不要透過奢侈品牌來突顯自己。

在職場中，要遵循社會公序良俗，就算辦公氛圍再輕鬆，有些失禮的穿著也必須避免，包括不要穿暴露太多身體部位、髒兮兮皺巴巴的衣服，不要穿拖鞋或熱褲，不要佩戴花裡胡哨的配飾等等。

對於職場穿著，上班、下班後可以不一樣。參加下班後的一些商務活動時，穿著可視情況另行調整，比如公司同事一起放鬆聚餐，就可以換掉西裝領帶；如果參加一些正式活動，銑床工程師也要脫掉工作服，換上西裝，女性可以穿上禮服。

王女士在某銀行營業廳上班。銀行作為非常講究服務規範的單位，對員工穿著有非常嚴格的標準，員工必須穿正裝，且是統一訂製，尤其是對於基層營業廳從業人員來說。

有一次，王女士去義大利旅遊，購買了一件新款品牌連

049

PART TWO　弄懂職場禮儀

衣裙,非常喜歡。休假結束後,王女士忍不住穿著這件新連衣裙來上班,本想是展示一下,炫耀一番,沒想到被巡察的主管看到。主管當時臉就沉了下來,當即讓她去換,還記了她違規積分對她進行處罰。

16　與人相處注意物理距離

職場金句

◆ 交往雙方的人際關係以及所處情境決定著相互間自我空間的範圍。

從人的心理接受程度來看，人與人之間相處的物理距離是有區別的。一般而言，交往雙方的人際關係以及所處情境決定著相互間自我空間的範圍。美國人類學家愛德華·霍爾（Edward Twitchell Hall）為人際交往劃分了四種空間距離，這四種空間距離都與對方的關係相對應。

親密距離。親密距離在 45 公分以內，屬於私人情境，日常見於情侶或夫妻、父母與子女以及知心朋友間。

私人距離。私人距離一般在 45 至 120 公分之間，表現為伸手可以握到對方的手，但不易接觸到對方的身體，一般的朋友交流多是這一距離。

社交距離。社交距離大約在 120 至 360 公分之間，屬於禮節上較正式的交往關係。

PART TWO　弄懂職場禮儀

公共距離。公共距離指大於360公分的空間距離。一般適用於演講者與聽眾，人們極為正式的交談以及非正式的場合。

我們跟同事尤其是上司在一起時，除特殊情況（比如乘坐電梯、汽車等），要根據同事或上司對自己的接受程度來掌握距離，切不可為了表示親近，緊貼著上司，以免上司生厭。

一位心理學家做過這樣一個實驗。在一個剛剛開門的大閱覽室裡，當裡面只有一位讀者時，心理學家就進去拿把椅子坐在他（她）的旁邊。試驗進行了整整80個人次。結果證明，在一個只有兩個人的空曠的閱覽室裡，沒有一個人能夠忍受一個陌生人緊挨著自己坐下。在心理學家坐在他們身邊後，他們不知道這是在做實驗，更多的人很快就默默地遠離心理學家，到別處坐下，有人則乾脆明確地表示：「你想幹什麼？」

這個實驗說明了人與人之間需要保持一定的空間距離。任何一個人，都需要自己的周圍有一個能夠掌握的自我空間，它就像一個無形的「氣泡」一樣，為自己「割據」了一定的「領域」。而當這個自我空間被人侵占時，我們就會感到不舒服、不安全，甚至惱怒起來。

17 職務稱呼「叫大不叫小」

職場金句

◆ 要想職場混得好，見面稱呼「叫大不叫小」。

職場溝通中，稱呼是繞不過的話題，稱呼不僅是名字不能叫錯，更重要的是，被稱呼人的職級不能說低了，要想職場混得好，見面稱呼「叫大不叫小」。

比如，張 XX 是副處長，不能稱之為「張科長」，你可以稱張 XX 為「張副處長」，也可以稱為「張處長」。除了非常規範的場合外，人們一般都會稱呼為「張處長」，而不是張副處長。此外，對於主管姓「傅」的情況，比如是處長，就不要稱其「傅處長」，以防讓人以為是「副處長」，可以稱呼「傅 XX 處長」或者「XX 處長」。

小王剛參加工作時，跟著李隊長工作，稱呼其「李隊長」。

工作兩年後，小王也晉升了，而且職位比李隊長要高。小王見到李隊長後，就不再稱呼其「李隊長」，而是直呼其名。結果給李隊長氣得肝疼，逢人就說，小王為人不道地，

053

PART TWO　弄懂職場禮儀

從他手下鍛鍊出來的兵,剛升了職,就翻臉不認人。因為一個稱呼,小王得罪了李隊長,使得他後面開展工作極為被動,也給小王的聲譽帶來了不好的影響。

18 職場位置安排有講究

職場金句

◆ 開會時坐哪裡大有講究，展現了你在部門的身分和自我定位，會影響上級對你的評價。

在工作中，我們經常會遇到公司組織正式會議、工作宴席的情況。每當這種時候，大家就會煩惱要如何安排主管們的座位。一般來說，如安排主席臺就座，主管人數為奇數時，職級最高的主管居中，2號主管在1號主管左手位置，3號主管在1號主管右手位置；當主管人數為偶數時，1號、2號主管同時居中，2號主管依然在1號主管左手位置，3號主管依然在1號主管右手位置。如果是拍照或基層視察，主管在C位，職級靠近或重要的人物距中心近，陪同人員在外圍。

參加會議，與會人員有多有少，很多時候會議組織者會對座位做統一安排，指定座位就座。如果會議沒有安排，應當主動往前靠，靠前坐，展現自己積極進取的一面，無形中與主管接近，讓主管注意到。

PART TWO　弄懂職場禮儀

可以說，開會時坐哪裡大有講究，展現了你在單位的身分和自我定位，會影響主管對你的評價。

小王是一名剛畢業的大學生。找工作時，她經過層層篩選，過五關斬六將，終於進入了這家在全球 500 強中排名靠前的外企。

剛進公司不久，正好趕上公司召開一個中高層都出席的會議，小王身為中階主管的小跟班，需要做好紀錄。小王有意選擇了後排的座位。她對座位的選擇自有一番考慮：身為一名剛進公司不久的職員，最好保持低調，選擇的座位應該避開視線焦點，而且後排的座位便於「察言觀色」。

結果開會的時候，中階主管反而批評她：「怎麼往後面縮呀，坐後面聽不清楚，把上司的重要指示記漏了或錯了，不是誤事嗎？」小王被中階主管叫到了靠近他後一排的位子。

19　車內座位不能隨便坐

職場金句

◆ 一般來說，司機正後方的位置，是最安全的位置，領導者往往坐這個位置。

汽車是常用的交通工具，汽車內幾個座位雖然靠得很近，但每個位置的「尊貴等級」是不同的。一般來說，司機正後方的位置，是最安全的位置，主管往往坐這個位置，祕書或下屬則坐在最靠近車門的位置，以方便開門上下車。

以小轎車為例，駕駛員駕車，後排左側為第一主管或貴賓座位，後排右側為第二主管或貴賓座位，副駕駛座位為祕書、隨從或主人；如主人排序在第二主管或貴賓前，主人可以坐到後排右側座位，第二主管或貴賓到副駕駛位置就座。如果是主管開車，主賓是大老闆，仍然坐後排左側第一位置，主賓是同級或下屬，那就應該坐在副駕駛位置。當事人應辨識自己在乘車人群中等級關係的位置，選擇對應的座位，尤其不能隨意坐上司座位上。

PART TWO　弄懂職場禮儀

　　小李剛入職一家小公司，該公司總共也就十個人。有一天晚上下班，老闆看小李和小高還在加班，就說請她們兩個一起吃晚飯。於是三個人就一起去了車庫。 老闆坐到了駕駛位，小李和小高一起鑽到了後排。

　　老闆被她們兩個逗笑了，發話說：「你們兩個都坐到後排幹嘛？總要有個人坐我旁邊，隨便聊聊天吧？不然搞得我很像個司機！」 小李覺得很尷尬，趕緊下車坐到了副駕駛位置上。

20 職場異性交往有禁忌

職場金句

◆ 男女搭配工作不累,但職場異性交往仍需要遵守一定的規則。

常言道:男女搭配,工作不累。這實際上是說職場中團隊同事性別、風格的一種互補和欣賞的表現,在心理學上叫做「異性效應」。通常,有些人在異性面前會樂意完成在同性面前不願意做的事情,甚至會在異性面前表現得更加機智勇敢,更加細膩周全。這就是異性同事搭檔的優勢。

但在職場中,即使是再完美的搭檔,異性交往也需要遵守一定的規則,要以工作職責和職業操守為底線。雙方如果越界,會影響工作推進,甚至引發聲譽風險,破壞單位作風和團隊戰鬥力。異性同事之間有意識地保持距離,才能避免不必要的麻煩,建立好職業口碑,維護好風清氣正的職場局面。

人們對待特別出色的同事難免生出敬佩之心,但同事之間,敬佩即可,不可再進一步,若把同事視為偶像,朝也思之,暮也思之,久而久之,感情就會變質。

PART TWO　弄懂職場禮儀

說話要講究分寸。同事之間相互關心是人之常情，但涉及家庭、私生活，尤其是個人隱私等方面的事情，要盡可能迴避，說多了也許能促進同事間的情誼，但也可能會給別有用心之人可乘之機。此外，開玩笑也要注意適可而止，不模糊雙方界線是原則，更不宜用低俗的玩笑打情罵俏。總之，開玩笑適可而止，涉私事守口如瓶是真諦。

要保持交往距離。日常工作生活中，同事相處時間長了，大家彼此熟悉了，相互之間的物理距離自然而然會縮短。但男女間相距 46 公分以內，就可能被視為曖昧或表示親暱。男女同處一個辦公室辦公，要有距離意識，尤其是不得「醉翁之意」地故意與另一方貼近。如在同一辦公室，又無第三人在場，為避免他人非議、猜想，不宜緊閉辦公室門，最好敞著或半敞辦公室大門。

有一次，公司有名的美女小雅陪上司參加酒局，酒過三巡，上司喝得醉醺醺的，只能由小雅開車將上司送回家。車到半途，上司突然意識到這樣不太好，小雅畢竟是女下屬，太晚回家怕引起誤會，於是就叫小雅半路停車，自己叫代駕回家了。

結果第二天，公司裡有人不懷好意地問小雅，幾點把上司送回去的。小雅莞爾一笑，大方地回答：「前輩叫了代駕，我半路就回家了。」

21　工作用餐別出格

職場金句

◆ 工作餐時間，既是休息時間，也是社交良機。

工作餐時間，既是休息時間，也是社交良機。與不同的部門、不同類型的人一起用餐，能夠增進同事間接觸、加強互動、充分溝通、增進個人感情。從人的心理角度看，每個人都習慣跟熟悉的人在一起，用已成型的方法去處理問題。大家都習慣待在自己的舒適圈，但在職場交往中，值得注意的是，不僅不要獨自用餐，也不要只和自己喜歡的或某幾個特定的同事在一起，應盡量擴大接觸面。同事們聚在一起用餐，吃飯不是目的，每個人都可以透過這種放鬆的形式來搭建個人關係網上的一點一線。

有時候工作時間不好與上司溝通的事情，可以邊吃邊談，往往會取得奇效。但餐廳作為公共場所，你和上司的一言一行都會在大家矚目之下，如果行為過於刻意，態度過於諂媚，反而適得其反。

現在的職場不是單打獨鬥的戰場，職場中更需要團隊合

作。一個人想要在事業上取得成功,想做事、能做事是內因,企業內部不同部門之間、同事之間的協同配合是幹成事的重要外因,是我們成功的必要條件。

公司裡一位長得很漂亮的女員工要被提拔了。同事們議論紛紛。大多數人都用一種意味深長的語氣說:「她?那不是遲早要被提拔的嗎?現在才提拔還晚了呢。」

關於這位女員工的「軼事」有很多。她因為長得漂亮,又很會打扮自己,平時在人群中就很出眾。她最出格的行為就是在餐廳吃飯時,總會專門端著餐盤找到主管的位子,跟主管坐一起談笑風生,為主管遞紙巾、端餐盤,鞍前馬後地服務。同事們總是對她側目而視,腦子裡不知道已經演繹出多少事來。

這位女員工本身能力不錯,但大家提起她時,總覺得她不過是擅長「討好上司」罷了。而同事們之所以有這樣的印象,是因為這位女員工過於「熱情」的用餐行為。我們要利用好工作的用餐時間,但也要注意場合、注意分寸行事。

22　敬酒文化要知曉

職場金句

◆ 「醉翁之意不在酒」,敬酒在於表達對主管的尊重和忠誠。
◆ 即使是在自己宴請別人的酒席上,如果有自己的上司在場,在敬了客人後,也要找準機會給上司敬酒。

職場應酬是常態,宴會小聚難免喝酒,喝酒就涉及相互敬酒,而敬酒也有約定俗成的規矩。俗話說,「敬酒事小,出局事大」,別因為敬酒不懂規矩,讓主管留下不良印象。

敬酒時要根據自身角色和位置敬酒,一般是主陪先敬主賓,不是率先敬酒就表示你的誠心。副陪或其他陪同人員在主陪敬酒後,可敬就近賓客,此後視其他敬酒情況,再去敬主賓,如果上來就直接去敬主賓,是明顯反客為主的行為。如果你是賓客,應首先敬陪同人員。

敬酒時可以多人敬一人,絕不可一人敬多人,除非你是主管。如果沒有特殊人物在場,敬酒最好按時針順序,

不要厚此薄彼。當你敬別人酒的時候，為了表示你對對方的尊敬，在碰杯時，右手握杯，左手墊杯底，記著自己的杯子要永遠低於別人。如果你是主管，杯子最好不要端得太低。

「醉翁之意不在酒」，敬酒在於表達對上司的尊重和忠誠。即使是在自己宴請別人的酒席上，如果有自己的上司在場，在敬了客人後，也要找準機會給上司敬酒。有人可能覺得，在酒桌上應該「保護」上司，讓上司少喝酒，應該多敬其他客人。實際上，給上司敬酒，不是說要上司多喝酒，而是在他人面前表示自己對上司的尊重，讓上司有尊嚴感、有面子。

敬酒要有儀式感，也要有語言的配合，只有真心實意地表達，才能收到良好效果。尤其要注意的是，在酒席上喝過酒後，要自我控制，不能耍酒瘋式粗暴敬酒。

酒桌上，大家紛紛向上司敬酒，酒過三巡，王勇已經喝得微醺。只見他藉著酒勁鼓起勇氣，拿起酒杯直接走到了上司的面前，沒等上司端起桌上的酒杯，他就直接用杯子碰上了上司的酒杯，還不忘說一句「我乾了，您隨意」，然後頭一仰，一杯酒就見了底。

沒想到上司就這樣靜靜地看著王勇喝了一整杯酒，卻絲毫沒有想要拿起酒杯的意思。王勇有些不解，帶有一絲不滿的口吻詢問上司：「我的酒都乾了，您怎麼不喝？」這時上司

的臉色明顯變得非常不悅,王勇的同事趕緊站起來打圓場,這才緩解了尷尬的局面。

PART TWO 弄懂職場禮儀

23 不隨便幫上司買單

職場金句

◆ 上司的單，不能隨便買，謹防拍馬屁拍到馬腿上。

在餐廳偶遇上司是小機率事件，遇到上司在用餐，要不要去打招呼、要不要幫上司買單，這其中的學問很深，並不是主動掏錢買單就能得到上司賞識的。上司的單，不能隨便買，謹防拍馬屁拍到馬腿上。

如果是上司帶家人或小範圍幾個朋友，可以跟上司打個招呼，然後暗示一下自己正好吃完，一併買個單。如果是上司的私密活動，不巧被你偶遇，這時候就假裝未遇見。如果是上司接受宴請，你可以去敬酒，但不必買單。如果上司是因公務請客，一般都會事先安排好服務與買單人員。

小張和四個同學在飯店吃飯時，在洗手間遇到公司總經理。得知總經理在另一個包廂吃飯，為了拍總經理馬屁，小張自己悄悄把總經理所在包廂的帳單給買了。

第二天，正當小張暗自得意之時，總經理一個電話責問

小張昨晚是不是買了他們包廂的單。原來,總經理私下與幾個在政府部門工作的老朋友小聚,朋友一再要求AA制,不能單位公款報銷。沒想到,他們餐後買單時,服務員說已有人買單了,搞得大家當場很尷尬。晚上思來想去,總經理覺得是小張所為。

24 正確的「廢話」也必要

職場金句

◆ 寒暄的意義在於向對方表示：我對你沒有敵意，我們可以和平相處。

職場交往過程中，亞洲人講究用寒暄營造氣氛。大家寒暄時通常都會說，「今天天氣不錯」、「最近身體怎麼樣」、「你瘦了嗎」等這些與主題不相關的「廢話」，效果也很好。這些話看似不相關，但引起了共鳴，緩和了情緒，烘托了氣氛，為雙方正式的交往奠定了基礎。有一句話說得好，寒暄的意義在於向對方表示：我對你沒有敵意，我們可以和平相處。

當然，寒暄時要注意說話的態度與舉止，溝通交流中，說話時的態度與舉止也會影響你想要傳達的內容，對方可能會因為你的身體語言而忽略你說話的內容，甚至想多了。

也就是說，說的內容有時候不是最重要的，重要的是「怎麼說」。寒暄也要注意掌控時間，不要花費太久時間，不要漫無邊際地閒聊，避免因為閒聊而耽誤重要事情的溝通。

花姐是一名很會交流的職場人,她最擅長的是讚美法,比如,上班時在電梯裡遇到同事,她總是熱情地打招呼。

「早安呀。」

「早安。」

「妳這條裙子好漂亮啊,在哪買的?」

「哈哈,在網上買的,都買幾個月了。」

「本來人就長得好看,配上這條裙子,更美了。」

　　這樣的話同事聽著也高興,兩人高高興興地開始了一天的工作。

25　官腔並非裝腔作勢

職場金句

◆ 職場如舞臺，需要「角色」出演。主管就要有主管的樣子，要講得體的話，穿得體的衣，做得體的事。

有人批評或評價職場中某某人時常常會說，「這個人不怎麼樣，就會打官腔」，實際上，職場如舞臺，需要「角色」出演。主管就要有主管的樣子，要講得體的話，穿得體的衣，做得體的事。有句古話：到什麼山唱什麼歌，見什麼人說什麼話。在職場中，存在等級分明的官場，官場中，就必須要有官腔。

官腔，有時候代表著路線方針，比如檔案、報告中經常會提到「以……為指導」、「堅持……」、「努力做到……」，看起來是一些政治術語，但就是透過這些官腔表明了立場和方向。

官腔，有時候代表著原則。「請按流程處理」，這些是指不能隨意曲解檔案內容或擅自做主，尤其是重要會議報告，遣詞造句必須非常嚴謹。因為代表著做出報告這個層級的意見和導向，所以，重要會議的報告都是印成書面資料的。

25 官腔並非裝腔作勢

　　官腔，有時候代表著職責和許可權。「擬同意，報××審批」「這事不是不好辦，但我要請示上級」，看似打官腔，其實這是實在話。

　　最近公司要增補一批經理職位，對於普通人來說，這是走上管理職位的第一步，所以大家都很重視。王小軍作為熱門候選人自然也是躍躍欲試。

　　一天，他去老闆辦公室探口風。老闆一邊泡茶，一邊滿面笑容地跟王小軍說：「這次競聘一切按流程來，還要等組織的決定。」 全程都是毫無資訊量的官話，但機敏的王小軍聽出來，老闆似乎對他並不放心，於是有意無意地跟老闆表忠心。最後老闆意味深長地說：「小王啊，你放心，你的經理對你可是大力舉薦和褒獎啊，說其他人都沒有你優秀，也沒有你合適。」

　　王小軍從這句話裡，讀到了這兩個訊號：

　　第一，經理口中的你如此優秀，能堪當大任，到底是不是這樣的？你覺得自己哪裡勝任？

　　第二，你的經理如此大力舉薦你，其實是有點反常的。你是不是與他已經形成了小派系，未來把你提拔上來，你和經理成了兩個重要部門的負責人，會不會更容易把持利益呢？

　　弄明白了老闆話中的意思，王小軍沉著應答，最終得到了老闆的認可，成功升遷。

PART TWO　弄懂職場禮儀

26　潛臺詞裡學問深

職場金句

◆ 對潛臺詞，要結合場景一分為二地看問題，具體問題具體分析，不能不聽，也不能全信。

話中有話，弦外有音，職場暗語也是職場潛規則的一種，是企業文化的一部分，這些暗語不會被訴諸文字，也不會被公開告知，所以，大家要注意揣摩。如果意會不出來或意會錯誤，則會把別人的嘲諷當成「麻藥」，把別人的鼓勵當成批評，把主管的否定當成機遇。比如主管說「這事下次再說」，在當時那種場景下，可能就是「這事我不同意，不用再說了」。

主管交代你去辦一件事，有時不方便直截了當告訴你，有時把話說七分，三分要靠你去揣摩，這就要看你對潛臺詞的悟性。對潛臺詞，要結合場景一分為二地看問題，具體問題具體分析，不能不聽，也不能全聽。比如「改天請你吃飯」就不如「下週一晚上請你吃飯」來得可信。

70％的大學畢業生被用人單位的 HR「套路」過。因為 HR 在應徵的時候，會說很多職場「黑話」。比如 HR 說，我們需要你有抗壓能力。

剛步入社會的大學畢業生，對工作充滿了期待，聽到 HR 說這份工作需要抗壓能力的時候，會覺得是給自己的一個挑戰，可能需要自己在工作職位上「精益求精」。

但其實 HR 的潛臺詞是：你就等著加班吧！加班強度比你想像的還要大，每天上班時間早，下班時間晚，需要靠著你的「仙氣」支撐。

PART TWO　弄懂職場禮儀

27　請假非小事

職場金句

◆ 請假也有技巧。請假非通知，要先請後准。

職場當中，保持良好出勤紀錄是職場人的本分，但由於多種原因，我們也難免會請假。值得注意的是，請假也不是一件小事。

一是不能隨意請假。雖然公司規定了很多情形是可以請假的，你的情況也符合請假條件，但經常請假，尤其是沒有特別重要原因的請假，會讓人覺得你不敬業，工作不連貫，技能不穩定，同事會慢慢疏遠你，主管也不敢把重要事情交給你。

二是請假也有技巧。請假非通知，要先請後准。有個銀行櫃員早上七點鐘發了訊息給主任說「主任，我今天有事，請假一天」，這就弄得主任很惱火，這不是請假，而是通知。主任無奈，只得立即找替班人員上工。請假最好要提前申請，但不宜太早，以防工作出現變數。請假前務必做好 B 計畫，包括手上的工作要有 B 人員及時頂上，以預防遇到緊急

事件等。請假期間要保持通訊暢通，上班後及時銷假，並向主管和代辦同事致謝。

王麗負責公司一個很重要的專案，明天終於要簽約了，老闆晚上還特地發了一則簡訊給她，要求她上午十點的會議一定要準時參加。

但沒有預料到的是，王麗的女兒突然在第二天早上發起了高燒。因為老公出差了，所以王麗權衡再三，只能自己送女兒去看病。於是她趕緊打電話給老闆請假，但那邊一直沒有人接，王麗把孩子安頓好後，馬不停蹄地就往公司跑，但最終還是遲到了。看著滿頭大汗的王麗，老闆也沒有給好臉色。

王麗一臉的委屈，覺得老闆不近人情。但從老闆的角度看，這個專案很重要，王麗應該在突發狀況發生時做好備案。比如打不通電話，先發訊息給老闆，再找自己同組的同事幫助接替一下，並告訴對方注意事項，不致影響工作。

PART TWO　弄懂職場禮儀

28　不傳遞模糊訊息

職場金句

◆ 人們普遍排斥模糊性，更傾向於選擇確定的訊息。

訊息溝通涉及環節眾多，從發出者到接收者，受各自自身條件、溝通工具、溝通場景等眾多因素影響，訊息在交流後，往往會產生偏差或歧義，但職場溝通涉及具體的人和事，人們渴求具體明確的意見，以便採取下一步行動。

但長期以來，一些職場經驗豐富的人喜歡說話留三分，似是而非，故弄玄虛，自以為高深莫測，要對方連猜帶蒙，這種做法實際上是沒人喜歡的。心理學家艾爾斯伯格（Daniel Ellsberg）認為，人們普遍排斥模糊性，更傾向於選擇確定的訊息。

很多人或許都有這樣的感受，比如突然收到一條訊息：「在嗎？」大家都會覺得不太舒服，這真切地反映了人們這樣的一種心理：不喜歡不確定性。因為我們不知道網路那端的人的真實意圖。避免這種情況的方法就是，在詢問別人的同

時，直接向對方表明自己的意圖。讓對方有安全感，即使你有請求，對方也可以根據實際情況來決定如何答覆你。比如在問了「在嗎？」之後，再具體地說，「我這會有份資料要送給你，在的話，我現在就過來」。這就屬於確定性的訊息，就不會讓人反感，或者產生排斥心理。

PART TWO　弄懂職場禮儀

29　學會管理微表情

職場金句

> ◆ 你的表情不代表你的全部，卻是第一次見你的人看到的全部，尤其是在職場上，你是個怎樣的人不是重點，重點是你讓別人覺得你是個怎樣的人。

　　職場人相處的真與假，實際上是很容易判斷的。話說得再動聽，用詞再優美，但如果對方眉頭緊鎖、眼神渙散，我們還是會覺得不舒服。這個時候，我們就是在透過觀察對方的表情來判斷對方態度。微表情容易出賣你的真實想法，所以一定要學會管理自己的微表情，以免給人留下負面印象。

　　你的表情不代表你的全部，卻是第一次見你的人看到的全部，尤其是在職場上，你是個怎樣的人不是重點，重點是你讓別人覺得你是個怎樣的人。因為在對方與你交流的過程中，對方必然會結合交流過程中的微表情來形成對你的判斷，從而形成印象標籤。而職場中，第一印象往往很重要。

筆者 20 多年前曾經做過部門負責人。那一年，分配到我部門的兩個女孩是同一學校的兩個同班同學，暫且稱之為小麗和小紅。小麗同學面容姣好，見到人都是滿臉帶笑，而且真誠燦爛，同事們從來就沒見過她黑過臉。相反，小紅有點呆板，讓人覺得嚴肅、不好相處。其實，小紅也是個單純可愛的女孩，只是沒有小麗會表情管理，也不擅長語言表達。兩個人工作一年以後，事業發展就慢慢拉開差距。

30　小細節，大修養

職場金句

- 小細節看似無關緊要，卻能展現出一個人的修養，甚至左右一個人的社交關係的好壞和事業的成敗。
- 小細節處理得好，也能幫助我們解決大問題。

職場交往中，經常會有一些看似微不足道的言行舉止，影響到個人的形象。比如，當眾打哈欠，尤其是別人正在滔滔不絕發表意見時，當眾掏耳朵和挖鼻孔，當眾剔牙，當眾搔頭皮，雙腿抖動等等。這些小細節看似無關緊要，卻能展現出一個人的修養，甚至左右一個人的社交關係的好壞和事業的成敗。

細節決定成敗，改掉那些令人生厭的小毛病，是很有必要的。另外一方面，小細節處理得好，也能幫助我們解決大問題。重視小細節，往往能造成非凡的作用。

一家大型企業的人力資源部要應徵一名高階主管。應徵當日，應徵者眾多，地上散落的廢紙被應徵人員的鞋底踩得亂七八糟。

　　接近尾聲的時候，應徵方的主考官看見不遠處的一個人正由遠及近地邊走邊撿地上的廢紙。主考官走上去，問他為什麼要撿這些廢紙。這個人回答說：「看看這些紙還能不能用，再說了，散在地上也影響環境衛生。」

　　主考官臉上頓時露出了欣慰的笑容。原來，這也是應徵方設定的一道無聲的加分考題。這位應徵者撿紙的細節，幫助他從眾多應徵者中脫穎而出。

PART TWO　弄懂職場禮儀

PART THREE　贏得上司讚賞

PART THREE　贏得上司讚賞

31　忠誠比能力重要

職場金句

◆ 大多數過錯可以被原諒,但不忠誠除外。
◆ 在職場中,忠誠應該有個限度,超過了限度就是盲從。

有人說過這樣一句話:在職場中,多數過錯可以被原諒,但不忠誠除外。無論是在社會上還是在職場上,這句話都非常有道理。員工要想獲得老闆的賞識,贏得加薪和晉升的機會,對老闆忠誠是最基本的條件。

忠誠,通俗一點說,就是要跟老闆一條心,對工作盡心盡力。要做到忠誠,至少要做到以下三點:一是執行不找藉口,不折不扣完成主管交辦的任務; 二是不損害公司的利益,不以公司利益謀取私利; 三是與公司同甘共苦,切忌身在曹營心在漢,這山看著那山高。

面對同樣不忠誠的員工,老闆甚至會用能力較差的人,而不會用能力較強的人。為什麼?很簡單,同樣不可靠,那種沒有能力的人,即使想搞鬼也搞不出太多的花樣,而一個

有能力而不忠誠的人，是會讓老闆如芒刺背的。

但是，忠誠也應該有個限度，超過了限度就是盲從。盲從就意味著可能去做不該做的事情，不僅會被抓住把柄，還會讓自己的職場生涯留下汙點，影響事業的發展。

當然，我們現在說職場忠誠，並不是說要對一家公司從一而終，而是說你在一家單位工作一日，就得全心全意為這個公司盡責一天，對自己的工作認真負責。

諸葛亮身為一代名相，可以說是大家耳熟能詳的人物，其雄才大略被人們所稱道，而他對劉備父子的忠誠更是為人所動容。在劉備的再三邀請下，諸葛亮答應輔佐劉備，並表達了自己的忠誠之志：「將軍若不相棄，願效犬馬之勞。」

「白帝城託孤」的故事更是令人稱道，諸葛亮在劉備臨終之前承諾：望陛下好好安息，臣等一定全力輔助太子，一直到死了為止。

後來，蜀國岌岌可危，幼主劉禪少不更事，但諸葛亮基於劉備對自己的厚愛以及對後主劉禪的信任，不改初衷，忠心如初。當別人勸他時，他只是回答：「受先帝託孤之重，唯恐他人不似我盡心也。」

PART THREE　贏得上司讚賞

32　與上司保持同頻

職場金句

> ◆ 上司也喜歡跟與自己有共同喜好的人交往,跟與自己有相同價值觀的人深度交流。

自古志趣相投最難得。上司也喜歡跟與自己有共同喜好的人交往,跟與自己有相同價值觀的人深度交流。不同頻,易出局。

在職場中,為了表示跟上司站在同一個陣營,是上司的跟隨者,我們要透過某種方式展示出來,讓上司知道。在生活中,可以留意對方的興趣愛好,投其所好,「對症下藥」。比如,上司喜歡打乒乓球,下屬中打乒乓球的人就會明顯多起來;上司喜歡攝影,下屬中熱心攝影的人也就不在少數。這些特長與愛好,是我們除了正常努力工作之外與上司相處的橋梁與紐帶。

在工作中,如果我們認真觀察,就會發現很多人在寫文章、做報告中,會學習、引用、模仿上司的文章、語句、語

調,這也會讓上司產生熟悉感和親切感,覺得你很重視他的發言和要求。

日常工作中,很多年輕員工尤其是高材生,往往不屑於此,認為這是一種投機取巧的把戲,職場上的發展應該憑本事、憑業績。這話是沒錯,但是,在同樣努力工作的情況下,溝通能力強的人在職業發展的路上會走得更遠。培養共同的愛好,是為了獲得更多的機會,是對自我的向上管理,這不僅能贏得上級和同事的認可,促進彼此間的關係,而且在資源和配合上也能得到更多支撐,對自己的職場發展是錦上添花之舉。

嘉靖皇帝喜好青詞。禮部右侍郎顧鼎臣因擅長青詞得到嘉靖帝的信任,很快升任吏部左侍郎、掌詹事府,接著進禮部尚書,仍掌府事。「十七年八月,以本官兼文淵閣大學士入參機務。尋加少保、太子太傅,進武英殿。」後人稱「詞臣以青詞結主知,由鼎臣倡也」。由此而開啟了以後三十多年詞臣撰寫青詞的人生。

到嘉靖帝中年以後,專事焚修,內閣輔臣、朝廷九卿、翰林院的學士皆供奉青詞,為皇帝撰寫玄文,「工者立超擢,卒至入閣」。嘉靖帝移居西內後,在西苑設定了直廬,欽定幾名侍從大臣在無逸殿值班,晚上就睡在直廬內,不得隨意回家,以備皇帝一旦要撰寫青詞時隨叫隨到。

對當時的廷臣來說,能夠入住無逸殿是一種特殊的尊崇

PART THREE　贏得上司讚賞

和榮耀。這些人無不殫精竭慮、絞盡腦汁撰寫青詞,藉以求得嘉靖帝的寵信。青詞賀表撰寫得好壞,是否符合嘉靖帝的心意,決定著這些人是否能夠飛黃騰達。

33　學會向上管理

職場金句

> ◆ 向上管理是指為了給公司、上級創造更好的價值，為自己取得更好的結果，而有意識地配合上級工作的過程。
> ◆ 改變領導風格比改變環境條件要困難得多。

管理從流程與方向上分析，基本上都是上級依據法定層級和授權管理下級，但作為下級，我們也不能一味地被動接受上級管理，而是要找準時機，用好方法，主動向上管理。

向上管理指為了給公司、上級創造更好的價值，為自己取得更好的結果，而有意識地配合上級工作的過程。這種管理不是指揮或命令，而是透過妥善的方式與上級溝通，反映你的情況，展示你的能力與業績，贏得上級理解與支持，讓上級採納你的意見、建議，這樣既便於上級更科學精準地決策，也為你自身的發展搭建了一條管道。

美國著名管理學專家弗雷德・菲德勒（Fred Edward Fiedler）認為，改變領導風格比改變環境條件要困難得多。因

PART THREE　贏得上司讚賞

此向上管理的難點在於技巧性溝通,讓上級自己決定是否需要改變。

影響上級的七個小技巧:

- 不要讓上級覺得下屬存心讓他改變。
- 先和同事商量以爭取支持。
- 提供資訊讓上級自行改變。
- 不要隱瞞,保持誠實和信任。
- 迎合他的長處,盡量避開他的短處。
- 適應彼此的個性和風格。
- 有選擇地利用他的時間和資源。

34 合理設定上司的預期目標

職場金句

◆ 合理設定上級對你的預期目標,不是小聰明、小手腕,而是一種職場生存策略。
◆ 只有一開始就將上級預期鎖定在合理的範圍內,接下來才能掌握工作的主動權。

職場人都知道,績效是做出來的,也是比較出來的。這種比較,不僅是同行或企業內員工之間比,更重要的是工作結果與上級期望值相比較。比如銀行員工攬存吸儲,客戶經理甲吸收的存款餘額為 1,000 萬元,櫃員乙吸收的存款餘額為 800 萬元。若單純比數字絕對值,甲明顯好於乙。但如果上級設定給甲的期望值是 1,500 萬元,設定給乙的期望值是 600 萬元,那在主管心目中,對乙的評價將明顯高於甲。

那麼,員工如何發揮個人影響力,有效引導、協調和超過上級的預期,實現效果最大,副作用最小呢?這是職場人士的必修之課。

合理設定上級對你的預期目標,不是小聰明、小手腕,

PART THREE 贏得上司讚賞

而是一種職場生存策略。因為，只有一開始就將上級對你的預期鎖定在合理的範圍內，接下來才能掌握工作的主動權。

當主管給你一個目標、一項工作時，一定要跟主管將細節溝通清楚：為什麼要做這件事？為什麼要交給我？他希望達成什麼樣的目的？他會為之投入多少資源？我心裡預期的最低標準是什麼？

某公司曾經有一個專案，大概需要 10 個人花費 100 天才能做完。老闆有意讓年輕的專案經理小王負責，但希望工期能縮短。小王看著老闆滿眼的期待，也有點逞強好勝，咬牙一口答應用 60 天完成。老闆聽了小王的表態後，非常滿意。但沒想到的是，儘管小王帶隊多方努力，巧思加苦幹，但最終還是用時 92 天才完工。老闆的期望落空後，對小王的態度也發生了改變。

其實在很多企業，每年下達預期目標的時候都是員工博弈最厲害的時候，有一句行話是：「哪個不是一年英雄一年狗熊？」因為第一年完成了預期目標，老闆第二年自然會加碼，你完成的難度就會增加。同預期目標一樣，對於老闆下達的工作目標，你一定不要把話說滿，要為自己留下騰挪的空間和餘地。

35　及時向上級彙報

職場金句

◆ 誰經常向我彙報工作，誰就在努力工作；相反，誰不經常彙報工作，誰就沒有努力工作。

美國作家馬克・麥考梅克（Mark McCormack）曾說：「誰經常向我彙報工作，誰就在努力工作；相反，誰不經常彙報工作，誰就沒有努力工作。」

的確，向上司彙報工作是你職場晉升的墊腳石。有人從管理學角度說，員工向上司彙報的工作永遠少於上司對他的期望。上司交代的事務、安排的工作要及時回饋。要根據工作的進度及時採取多種方式向上司彙報，千萬不要等工作全面完成後才彙報，更不能自以為工作已經做完了，就不必多說，要讓上司放心，不給上司誤解的空間。比如主管讓你送一份材料，送到後也要回覆已送到，並通知收件人。

主動彙報，在上司和同事眼中，不僅意味著你尊重他們，他們也會覺得你工作認真、做事可靠。對員工來說，應該讓上司知道你的工作成績，在工作中碰到了什麼困難，如

PART THREE　贏得上司讚賞

果自己解決了，可以在主管面前展示你的工作能力，不能解決，也可以抓住時機向上司請教。如果員工在工作中總是及時、主動彙報工作情況，有時候即使上司在出差，也會有員工就在眼前的感覺。但如果整天看不到員工的身影，聽不到員工的聲音，感覺他好像很忙，卻不知道他在幹什麼，主管甚至會懷疑他整天在辦私事。面對這兩種表現不同的員工，老闆會賞識哪一個？答案是不言而喻的。

彙報得法。有人天天想著向主管彙報，但不得法，眉毛鬍子一把抓，主管聽了半天不得要領，次數一多，反而會引起主管反感。有人請示問題，只會讓主管做填空題、簡答題，而不是選擇題，讓主管失望。如主管喜歡看紙本資料，你偏偏發一份電子文件，而且你還不及時提示一下主管，導致主管錯過時間。這種情況，你只會越做越錯。從彙報結構來看，目前比較流行的彙報模板是麥肯錫倡導的金字塔原理，該模板由一條主線分層次展開，結構合理、條理清晰、重點凸出，建議大家使用。

場景合適。主管公務繁忙，事務眾多，情緒也有起伏，彙報要取得良好效果，也得注意場景。比如，主管在接待貴賓，你去敲主管辦公室門就不妥；主管拿著公文包準備外出開會，你攔在電梯口滔滔不絕，猜想主管也沒心思聽你說話；外部監管機構檢查查出部門一個重要問題，主管剛受到上級嚴肅批評，你急不可耐去彙報，猜想等候你的只會是主管陰沉的臉。

賀嘉是一名 CEO 演講教練，為多個大型企業主管做過培訓。但曾經的賀嘉，拿著 20,000 元的薄薪，堅持了三年，也曾以為少說話、多做事就能等來機遇。現實給了賀嘉當頭一棒，上級提拔了同事 A。

「憑什麼？明明我付出最多、業績最好。是不是那傢伙比我更懂揣摩上級心思？」賀嘉決定找上級聊聊。

「很簡單，因為你不會彙報工作。你的業績最好，可 A 也不差啊，同等情況，那我們肯定選擇更擅長做工作彙報的，省心。」

說到底，一句話：你不說，再能幹，老闆怎麼知道？

36　彙報重視量化表達

職場金句

> ◆ 無論是展示成果還是過程，量化表達都能讓上級一目了然、少費腦筋。
> ◆ 彙報工作，不說數字不說話，不量化的結果就不是結果。

跟上司彙報工作時，切忌眉毛鬍子一把抓，無頭無腦。無論是展示成果還是過程，量化表達都能讓上司一目了然、少費腦筋。

比如，向上司彙報銷售目標是否達成時，要加上時間，如提前了 10 天完成目標；要加上數字，如達到 500 萬元銷售額，超過原計畫 20 萬元；要加上比例，如市場占有份額成長了 2 個百分點；等等。這些量化的數據都會真實地展示你的工作成果，並達到更好的效果。

同時，也要注意彙報的形式，要具視覺化。在進行正式彙報時，將數據製作成漂亮的圖形、表格，進行視覺化呈現

是非常重要的。人們都喜歡看賞心悅目的文件。PPT做得好的人更容易升遷，就是這個道理。

有一名記者採訪了一個日本的世界500強企業的老闆，記者問他中國員工跟日本員工有什麼區別，他說日本員工回答老闆的問題時都是數字，中國員工回答老闆的問題時全是詞語。

老闆問，報告什麼時候交給我。日本員工會說，明天下午6點30分之前，我會把1,500字的報告發送到您的信箱裡，做不到的話我自罰1,000元。

中國員工會說，老闆你放心，快做好了，我抓緊時間。

一個是數字，一個是詞語，所以今後我們如果向上級彙報工作一定說量化的、數據化的語言。

PART THREE　贏得上司讚賞

37　越級彙報是「雷區」

職場金句

> ◆ 和上司溝通，必須記住的一條「死亡警戒線」，就是不到魚死網破的時候，不要越級彙報。

　　職場是一個等級管理系統，絕大多數單位都是社會學家韋伯（Max Weber）所說的「官僚」型管理體制，每一層級根據職責、許可權分配展開工作。越級指揮、越級彙報打破了這一正常秩序，除特殊情況外，職場最忌諱越級。

　　和上司溝通，必須記住的一條「死亡警戒線」，就是不到魚死網破的時候，不要越級彙報。如果一個基層人員跳過中層管理者直接向高階主管彙報，由於資訊面、策略安排、個人關係、權威影響、認知差異等因素，中層管理者必然會對基層人員產生怨言，儘管很多時候並沒有直接說出來。如果高階主管沒有認真分析與比對，也會產生誤判。如高階主管要求你越級彙報，除主管專門要求保密外，一般宜口頭（重要話題為書面）向自己的直接上級做個簡要彙報，以免被誤解。

在實際工作中，除非你的直接上級聯繫不上，或意見分歧很大，否則不要越級彙報，越級彙報時也一定要注意方式和方法，要闡述跟直接上級的溝通情況，從整個單位利益角度，客觀、全面陳述事實，提出你所面臨的主要問題及解決方法。越級彙報後，也得根據上級主管的意思做好與直接上級的訊息溝通。

經理下午臨時有事出去，走前交代專案組王組長，有什麼事情要打他手機。下午碰巧就有大事發生，必須請示經理做決定，可經理的手機偏偏又打不通。如果這個問題解決不及時，會導致公司的業務無法正常運轉，整個專案組都無法承擔這種責任。情況緊急，王組長決定向老闆彙報此事，雖然王組長也清楚越級彙報不好，可確實顧不上那麼多了。

老闆問王組長：「之前我怎麼沒聽你的經理說過此事？現在你想怎麼解決？」王組長立即說出了自己的解決方案，老闆同意了。

第二天，王組長第一時間跟經理解釋了這件事，但經理還是很冷淡地說：「出了這麼大的問題，為何不打電話給我？」王組長再次一番解釋，但顯然經理依然難以釋懷。

PART THREE　贏得上司讚賞

38　請示工作要帶上解決方案

職場金句

> ◆ 要學會請上司做選擇題，而不是讓上司做問答題。
> ◆ 「先見林，再見樹」，請示工作一定要先從基本任務談起。

　　遇到問題時請示上司，這是職場正常的工作行為，但有些人不思考、圖省事，直接拿著問題請示上司，自己沒有思考和解決方案，上司一時也很難了解清楚問題，很難快速想出相應對策。即使上司能給予正確的指導，但對只給問題、沒有提供選擇方案的請示，上司都不會太滿意，甚至會對你的工作能力或工作作風有所懷疑。在職場，大家要學會請上司做選擇題，而不是讓上司做問答題。

　　「先見林，再見樹」，請示工作一定要先從基本任務談起，告訴上司你的目標是什麼，目前進度如何，哪些地方需要他提供意見；明確告訴上司自己制定出的可行方案，包括具體的做法、工作項目、期限以及必要的人力資源等。

小張大學畢業後,順利進入一家企業工作。因為是新人的緣故,工作中經常遇到問題,小張會積極請教同事或上司,上司和同事也樂於指導和幫助他。可是時間一久,大家逐漸發現小張遇到問題,幾乎從來都不思考。部門主管也是不勝其煩,只能內部對其轉職,讓小張去了其他職位。

相比之下,同期入職的小李,遇事總是多留幾分心,考慮問題也較全面,能站在上司的角度考慮問題,提供解決方案。在請示主管時,小李也總是能帶有自己的思考,還會提供不同的解決方案。久而久之,部門經理對小李就形成了辦事可靠的印象。

39　讓老闆有優先資訊知曉權

職場金句

◆ 讓老闆信任你,首先要「送」他一個權利:知情權。

如果說知識就是力量,那麼掌握資訊就是掌握了控制權。誰先獲得了資訊,誰就擁有了相對應的話語權,也會形成相對應的控制權。所以,掌握資訊也是掌握了一種權利。

在職場中,上級經常會問下屬「我怎麼不知道」「你怎麼沒彙報」,說的就是下屬剝奪了上級的資訊知情權。身為員工,要讓老闆第一時間知曉消息,而且知曉得要比別人多,這是我們應該做到的。

當然,有些事情是動態的、不斷變化的,我們不能實時彙報,但要盡量及時彙報。老闆一般喜歡業務能力強的人,因為這種人能創造價值。同時,老闆也喜歡資訊收集能力強的人,這些人能經常提供內部的、外部的、上級的、員工的消息,相當於為老闆多長了幾雙眼睛、幾隻耳朵,他們也會逐漸成為老闆的心腹。

著名商業顧問在他的收藏夾裡，記錄了這樣一則訊息：「老闆，您交代的事情我已經在辦了。昨天去拜訪了客戶，張總不在，說要下週回來。我和他的同事聊了一個小時，很有收穫。根據溝通，我會修正一下方案，這週三前發給您郵件。我下週一會再去拜訪。有進一步情況，我再向您彙報。」老闆看到這樣一則訊息，只會說一個字：好。但是，這個「好」字背後，是放心，是信任。

PART THREE　贏得上司讚賞

40　公開的越級機遇要珍惜

職場金句

> ◆ 有時候，足以改變你職場生涯的機遇也不過那麼一兩個而已，機遇比真愛還要稀少。

職場忌諱越級彙報是事實，但一個人要想在職場中快速發展，如果能得到更高階主管的關注，那機遇就會很大。有時候，足以改變你職場生涯的機遇也不過那麼一兩個而已，機遇比真愛還要稀少。因此，合理、合規的越級溝通機會格外重要。

另一個事實是，職場中也會遇到一些公開的越級彙報機會，這是非常難得的，一定要認真準備和珍惜機會。其中，最常見的是高階主管視察，高層組織的公開的徵求意見，有高階主管參加的彙報會、演講會。

某銀行分行行長張某新到任，為盡快熟悉情況，他馬不停蹄地到所管轄區進行調查。參加調查會的對象是分行行長室成員、業務團隊經理和個別業務員工。

夏軍是某分行的公司客戶經理，接到參加調查會的通知

後，他用兩天時間對分行各項業務做了分析，也專門了解了當地銀行同業業務情況，分析了分行業務發展存在的問題，列出了下一步工作建議。

調查會由分行行長主彙報，當分行張行長在徵詢其他人員有沒有補充意見時，夏軍舉手示意發言。夏軍的彙報既符合當地情形，又符合上面要求；既談問題，又提工作建議；既有數據分析，又有案例佐證，一下子引起張行長的濃厚興趣和高度關注。三個月後，夏軍以一個客戶經理的身分被破格提拔到另一個分行任副行長，實現了職業生涯的一個跨越。

PART THREE　贏得上司讚賞

41　善歸於上

職場金句

◆ 大巧若拙，大辯若訥，聰明的人擅長扮豬吃老虎，就好像大智若愚。

《道德經》裡有一句話，「大巧若拙，大辯若訥」，意思是聰明的人，平時卻表現得笨拙，雖然能言善辯，卻好像不會說話一樣。言外之意，聰明的人擅長扮豬吃老虎，表現得大智若愚。因此，聰明的人總能將自己取得的成績歸功於上級的大力支持、正確領導。

自古以來功高不蓋主。其實，絕大多數老闆是很聰明睿智的，你把成績歸功於老闆，他是會從中看到你的努力和付出的，老闆最終不會搶占你的功勞。如果你自認為成績的取得全靠你個人的努力，一味貪功，今後也許會失去老闆的支持。如果遇到心胸狹隘的老闆，不僅不會幫你，甚至會暗中用力，讓你無法成功。

當工作中出現問題，沒有達到預期效果時，身為下級，要主動承擔責任，多從自身找原因，切忌一味埋怨上級，把

責任推到老闆身上。為老闆擔責，老闆心知肚明，也會肯定你的擔當精神。

　　李泌在唐德宗任上時擔任宰相。西北少數民族回紇族出於對他的信任，要求與唐朝講和、聯姻，這可給李泌出了個難題。德宗皇帝因早年在回紇那裡受過羞辱，對回紇懷有深仇大恨。果然這事遭到了德宗的拒絕：「你別的什麼主張我都能接受，只有回紇這件事，你再也不要提了，只要我活著，我絕不同意和他們講和，我死了之後，子孫後代怎麼處理，那就是他們的事了！」

　　李泌知道，好記仇的德宗皇帝是不會輕易被說服的，如果操之過急，不只辦不成事情，還會招致皇帝反感，為自己帶來禍殃。他便採取了逐漸滲透的辦法，在前後一年多的時間裡，經過多達15次的陳述利害的談話，終於將德宗皇帝說通。李泌又出面對回紇的首領做工作，使他們答應了唐朝的五條要求，並向唐朝皇帝稱臣。這樣一來，唐德宗既擺脫了困境，又挽回了面子，十分高興。他問李泌：「回紇人為什麼這麼聽你的話？」極富政治經驗的李泌對自己的功勞隻字不提，只是恭敬地說：「這全是仰仗陛下的威名，我哪有這麼大的力量！」

　　聽了這話，德宗很高興，對李泌更加寵信了。

42　老闆的話，不能全當真

職場金句

- ◆ 老闆的話莫全當真。
- ◆ 老闆說的話，有些是場面話、客氣話，如果當真你就是犯傻。

俗話說得好，「慈不帶兵，義不養財」，意思是太仁慈的人不適合帶兵打仗，而非常講義氣的人不適合做生意、管理錢財。老闆們自然懂得這個道理，在管理員工時「打一巴掌給一顆糖」，一番慷慨激昂的話就能讓一些員工掉進蜜罐子裡，開心地完成工作。所以，一定要明白，老闆說的話，有些是場面話、客氣話，如果當真你就是犯傻。

老闆講話，由於不同的時空環境，有不同的含義。有的話，是即興之語，其實並沒有那方面的意思，他也以為員工並不在意，殊不知，有的員工會很當真；有的話，是老闆為了應對當前場景，比如「行、行、行，我沒意見，馬上開會研究」「年輕人，做得不錯，接下來重點培養」，你記在心裡竊竊歡喜，也許兩個月後，老闆已忘了這事；有的話，是老

闆一時誤判,「你們抓緊時間辦,出了事我負責」,等真有了事找他,猜想他也不會認帳。不管怎麼說,按規章制度辦事,才是應對根本。

比如,有的主管經常說,「有事就請假,部門的事重要,個人的事也很重要,不要有負擔」。但當下屬真有事請假的時候,第一回還好說,基本能批假,再接下來,要麼批假時間打折,要麼電話不斷,要麼背後評價「某某某私事真多,工作一點都不上心」。

最不能信的老闆說的十句話:

- 這事成了給你漲薪水。
- 這事我做不了主。
- 有什麼困難儘管說。
- 大家暢所欲言,不要怕我聽了不高興。
- 我不提倡加班。
- 你的個人工作能力很凸出。
- 你的潛力還是很大的。
- 別把我當老闆,當朋友。
- 開個短會。
- 以後升職機會是非常多的。

43　學會適當給上司派點活

職場金句

◆ 在工作推進過程中，如果遇到困難，一定要有勇氣「指揮」老闆，發揮老闆能量。

在工作中，如果遇到需要協調的事情，你完全可以誠懇地向老闆發出請求。讓老闆幫助協調資源、搞定關鍵客戶、爭取高層支持等。

在職場中，每個級別有每個級別的能力圈，要接受有的事情確實是你這個級別推動不了的，這並不是能力問題，而是你所處的位置和占據的資源決定的。在你看來千難萬難的事情，可能對於老闆來說就是一句話的事。

因此，在工作推進過程中，如果遇到困難，一定要有勇氣「指揮」老闆，發揮老闆能量。

實際上，大部分主管也樂於發揮自己的作用，展示自己的能量。有些聰明的職場人士還會把請主管幫忙看成是一種有效的向上管理的手段，是與主管密切關係的重要途徑，會有意經常找主管彙報，請主管支援。

電信公司客戶經理小夏在連續追蹤了交通運輸部門智慧車載系統三個星期以後，無功而返。即便小夏費盡功夫，但他遞上去的建議書還是石沉大海，甚至連對方拍板的人的面都沒見到。

後來，一個偶然的機會小夏知道了自己的老闆因為別的專案和交通運輸部門的李總非常熟悉，於是他大著膽子向老闆求救，希望老闆能以首席客戶經理的身分約對方見一面。老闆欣然同意，一個電話就讓事情出現了轉機。

44　不當面頂撞上級

職場金句

◆ 當面頂撞上級就是挑戰領導者權威。
◆ 維護上級尊嚴，是職場基本要領。

領導者意味著權威，當面頂撞上級就是挑戰領導者權威。上司批評自己，批評到什麼程度，無論什麼原因，在什麼場合，一般宜當時接受，不宜當場公開反駁（除非是兩個人私下談話），更千萬不能受情緒影響，與上司進行爭執，甚至對罵。

日常工作中，一個人如果太強調自我，無法容忍上司當面對你的批評，動不動就牢騷滿腹，頂撞上司，雖然可以逞一時口舌之快，但後果很嚴重。上司希望的是員工誠懇、虛心接受批評，而不是當面頂撞。有時候，上司因所掌握的資訊不全或不準，或上司情緒不佳，可能會批評錯了，這種情況也不是說就要我們不明不白地「背鍋」，而是可以在事後找機會去溝通。尊重上司不等於盲從，不等於沒有自我，我們既要有「抗爭精神」，也要有「抗爭藝術」。

維護上級尊嚴,是職場基本要領。

葉健在一家公司做了五年,有一次因工作上的問題與老闆發生了激烈爭吵,事後證明葉健是對的。之後葉健的工作依然像以前一樣忙碌,老闆也沒有再提什麼。只是往後的日子,每次公司有加薪或晉升的機會,葉健都被「靠邊站」。

葉健最終選擇了離開。離開公司那天,葉健內心很平靜,波瀾不驚地跟老闆談了自己的想法和原因,然後客氣地相互祝願。但臨走的那一刻,葉健還是忍不住問老闆:「我一次次晉升無望是不是因為當面頂撞您那件事?」老闆先是搖了搖頭,後又肯定地點了點頭說:「你要記住,沒有哪個老闆願意被人頂撞,哪怕只有一次!」

PART THREE　贏得上司讚賞

45　自作主張是大忌

職場金句

◆ 你可以獻策，但不能做決策。
◆ 自作主張會使自己陷入「聰明反被聰明誤」的困境。

要想成為老闆信得過、肯重用的員工，就必須找準自己在職場中的位置，根據自己的職責許可權展開工作。分內事，按規定辦，分外事，無論上級與你關係如何，都不得擅自替上級做決定。你可以獻策，但不能做決策。即使你做這些事是「好意」，但也可能事與願違，為自己帶來極大的麻煩，使自己陷入「聰明反被聰明誤」的困境。

有時候，員工自作主張所產生的後果，對單位不一定產生不良後果，甚至反而有益，但這對職場等級及人際關係常態所產生的衝擊，確實十分明顯。所以，幾乎所有主管都反感下級自作主張。員工的越權行為，是忽略上級的存在，挑戰上級的權威和單位等級管理制度，自然會受到上級批評。

如果情況緊急，無奈自作主張，也要在事態平穩後第一時間向上級彙報，說明原因，請求指示。

有一天經理出差去了，實習生小王接了一個原本由經理直接負責的貿易供應商打來的電話，對方催促說：「簽合約那件事辦得怎麼樣了？」小王因為平時常常幫經理辦事，對這個業務比較熟悉，非常明白要領，就自己處理了。

經理出差回來後，小王向他報告這件事，原以為會受到他的表揚，結果他卻對小王大發雷霆。原來，經理出差就是特地去跟另一家供應商談合作，打算換掉原來這家。這件事在祕密進行中，小王這麼自以為是地幫經理處理，卻壞了他的局。

PART THREE　贏得上司讚賞

46　幫助上級做正確的決策

職場金句

> ◆ 有時候上級也不知道他要什麼,他只是在不斷試錯,不斷尋找正確的方向。
> ◆ 很多時候,用學生思維老實完成上級的指令,上級也不會滿意。

職場人士的一大痛點就是修改 PPT。每次要準備的資料都是按照上司列的提綱、修改的內容去做的,可是完成之後,上司總能找到新的靈感去推翻原有的思路和框架。

這種情況告訴我們,有時候上級也不知道他要什麼,他只是在不斷試錯,不斷尋找正確的方向。

如果上級一開始也不知道自己要什麼,這時你用學生思維老實地完成上級的指令,上級也不會滿意。無論你怎麼做,被上級責罵也是難以避免的。這個時候,你一定要有能力幫助上級做出正確的決策。很多時候上級不滿意工作的結果,可能不是你沒有按照上級的交代去辦事,而恰恰是你完全放棄了個人主動性和專業領域的建議權,沒有讓事情走在正確的軌道上。

47　有些事只能做，不能說

職場金句

◆ 職場是一個大江湖，要想混得好，學問真不少。就日常表現而言，有時候需要顯山露水，有時候更需要沉默寡言。

有人說職場是一個大江湖，要想混得好，學問真不少。就日常表現而言，有時候需要顯山露水，有時候更需要沉默寡言。如在執行一項任務時，根據公司安排展開工作，你為主管起草了一份會議發言材料，主管講完話後反響很好。這個時候，你不必到處宣揚說「主管的講話稿是我寫的」。

特別是幫上級辦事，更要牢記「謹言慎語」。主管因私事請你幫忙，是信任你。如果你為了炫耀主管對你的信任，只要對一個人講了，一定會「一傳十，十傳百」，最終會傳到上級耳中。

俗話說，「刀只有一刃，舌卻有百刃」，說出口的話能演繹成什麼樣，就不受你控制了。

PART THREE　贏得上司讚賞

　　部門新任的一把手需要發一個快遞，業務部小于接到電話後很快就幫主管辦好了事，內心抑制不住激動，新主管才上任一週就請自己去辦事，肯定是自己讓主管留下了好印象了，便忍不住在不同場合跟同事們吹噓起來。不料，他的話很快傳到新主管耳邊，新主管感覺小于人不夠穩重，還很不成熟，很快就把小于晾到一邊了。

48 「樹立威信」是新官上任第一把火

職場金句

- ◆「樹立威信」，是古今中外許多主管為樹立自己的權威所慣用的手段。
- ◆ 新官上任三把火，小心引火上身。

新官上任三把火，小心引火上身。新官上任，必然要有動作來展示自己的能力，樹立自己的威信。三把大火，最常用的一把火就是嚴抓制度建設，尤其是對違章人員的處罰，一般都會從嚴從緊，也就是常說的「樹立威信」。「殺人立威」是古今中外許多主管為樹立自己的權威所慣用的手段。初來乍到，下屬不服，想整頓紀律，樹立權威，不得不從「殺人」開始。

因此，如果部門新換了主管，各方面都要特別小心。否則，平時可罰可不罰的事情，肯定要罰，平時能輕能重的問題，肯定從重。所以，千萬不要得罪新主管。

PART THREE　贏得上司讚賞

張作霖死後,楊宇霆和常蔭槐仗著自己資格老,從不把新任統帥張學良放在眼裡。開會的時候,楊宇霆甚至驕橫地說:「你不懂,別瞎摻和,我會做決定。」張學良忍無可忍,為了鞏固權力,他不得不「殺雞儆猴」。於是,他假裝邀請楊宇霆和常蔭槐到大帥府議事,二人沒疑心,進去之後就被逮捕,旋即處決。

楊宇霆和常蔭槐在上級面前飛揚跋扈,張學良果斷將他們幹掉,這樣新統帥的威信就會樹立起來,其他人就會心生敬畏。

49　老闆「身邊人」很重要

職場金句

◆ 老闆身邊的人看起來職務不高、權力不大，但在老闆心中話語權很大。

職場人都希望老闆對自己有一個好印象，而老闆對我們的了解除了平時少有的接觸，更多會受到身邊的人言論的影響，而這些人看起來職務不高、權力不大，但在老闆心中話語權很大，所以平時要適當與老闆身邊的人保持良好關係。你期待這些人幫你大忙，促成你的事情，他們可能沒這個能力，但有些人盯著老闆心理波動的節點上，說你的壞話，或者有意引起老闆對你的反感，想要壞你的事，可能性會很大。

三國時期，曹丕和曹植都想爭奪魏王世子的寶座，曹植是一個很有才華的人，文采過人，他知道自己的父親愛才，又是一國的君王，所以恃才傲物，把其他人都不放在眼裡，不理睬父親身旁的其他人。

曹丕就不同，他知道自己的才華比不上弟弟，於是就在

PART THREE　贏得上司讚賞

其他方面努力,對父親身旁的每一個人都非常尊敬,並經常虛心向他們請教。每每為曹操送行時,他常常一語不發,撲在曹操身邊大哭,曹操每次都感動不已,以致後來曹操身邊的很多人都幫曹丕,連曹操的一個寵妾都為他說好話。

最終,曹操將曹丕立為世子。曹植則是留下了「本是同根生,相煎何太急」的悲嘆。

50　老闆單獨狠批，是愛不是恨

職場金句

◆ 沒有被老闆批評過的員工，不足以談職場。

職場事情多、任務重，儘管我們小心翼翼、努力工作，但也難免出差錯，讓老闆失望。這個時候，老闆會有很多種處理方法，批評下屬是職場常態。沒有被老闆批評過的員工，不足以談職場。

如果老闆把你叫到辦公室狠批一通，恨不得暴打一頓才解氣，遇到這種情況，除了深刻檢討、向老闆表明決心，也別灰心，老闆這是對你恨鐵不成鋼。如果老闆對你不聞不問，表面上看是放你一馬了，但實際上，你在老闆心裡的重要位置也就沒有了。如果老闆當眾批評你，甚至上升到質疑你的業務能力、人品，那也是很不妙了。

辦公室新來的員工王非頭腦非常靈活，老闆非常喜歡他，有什麼重要的彙報，總帶著他。

有一次，王非負責放映老闆的簡報。他提前開啟了檔案，並在電腦上演示了一遍發現並無異樣。於是，王非放心

PART THREE　贏得上司讚賞

　　大膽地跟著老闆來到了會議室,坐在電腦前準備輔助其彙報。沒想到,在正式彙報過程中,老闆預期的動畫效果全部消失,現場很尷尬。會議室高階主管質疑的目光像聚光燈一樣看向王非。王非覺得無地自容。關鍵時候老闆救了場,說了聲:「新來的員工沒工作經驗,請大家原諒。」然後草草結束了彙報。

　　會後,老闆把王非一頓狂批。王非本想解釋已經演示過了。但老闆說:「別狡辯了,回去好好反思,下次讓我看到你的進步。」

　　王非知道,老闆在公開場合下已經為自己解了圍,私下批評他是為了讓他吸取教訓。因此,王非沒有氣餒,開始梳理動畫不能放映的原因,終於搞清了是播放的PPT的軟體版本太舊,無法放映新版本動畫的緣故。

　　從那以後,王非再沒犯過演示方面的錯誤,又透過良好的工作表現逐漸贏回了老闆的信賴。

51　不在有矛盾的上級間傳話

職場金句

◆ 不加劇矛盾，不公開化矛盾，不夾在矛盾中間，這是一個下屬必須遵守的。

你的上司與另一個上級有矛盾，作為下屬，你是感到夾在他們中間左右為難，還是覺得有機可乘？與有矛盾的上級相處時，其實很考驗你的職場能力。

部門領導團隊的構成各不相同，主管之間由於多種原因，難免在工作上有分歧，私下裡也可能和身邊人或下屬議論幾句，甚至還會說其他上級一些閒話。作為成熟的職場人士，每當遇到此類情況，只能點到為止，絕不能有意無意地傳給對方。

有些人自以為是，以為找到了一個向其他主管效忠的投名狀，殊不知，亂傳上級閒話，不僅會加大主管間的分歧和矛盾，也會讓自己失去良好的形象。如果主管間相互交涉，再點出你的姓名，上級們將為你貼上人品不佳的標籤。

最佳做法就是：不加劇矛盾，不公開化矛盾，不夾在矛盾中間，這是一個下屬必須遵守的。

PART THREE　贏得上司讚賞

　　小陳所在部門的主管和副主管一直就有矛盾，副主管平時沒事的時候就會在小陳面前抱怨主管這不好、那不對，說主管不得人心等。有一次，小陳向主管彙報工作時，主管問小陳，副主管是不是經常在背後說他壞話，都說了些什麼。小陳老實，就原封不動地把副主管說過的話複述給了主管。

　　沒過多久，主管和副主管因為一項工作當眾吵了起來，主管把小陳講過的話都當眾抖了出來。小陳尷尬得要命。更讓他難受的是，作為副主管的直接下屬，他的日子更難過了。

52　出色的業績並非萬能

職場金句

> ◆ 要想獲取權力和影響力，要的不只是工作業績，還必須引起別人的注意，並對業績的評價標準施加影響。

職場中，很多人常犯的錯誤是以為只要有了豐碩的工作成果，就能獲得重用和高待遇。社會心理學家大衛・斯庫曼（David Schoorman）曾研究出「行為性承諾」這個職場規則：當你被評估時，你的上級對你的承諾以及他與你之間的關係，比你的工作績效更重要。

上級看好你，對你好，你的任務指標完成得不理想，上級可能會歸因為任務指標重，或時機不對，客觀條件不好；上級不看好你，厭惡你，你的任務指標完成了，上級可能會歸因為任務指標輕，或者你運氣好。因此，要想獲取權力和影響力，要的不只是工作業績，還必須引起別人的注意，並對業績的評價標準施加影響。

PART THREE　贏得上司讚賞

　　社會心理學家大衛・斯庫曼曾研究過一個公共部門組織中的 354 位文職雇員的工作評價。他的研究發現，上司參與了應徵過程，其下屬在績效考核中獲得的評價，高於被「繼承」（員工的司齡比經理長）的雇員獲得的評價，也高於經理當初不願意聘用的員工。

　　這項研究顯示，當你被評估時，你的上司對你的承諾以及他與你之間的關係，比你的工作績效更重要。另一研究發現，比起工作績效，員工的年齡和在公司任期長短對薪酬的影響更大。。

53　上級挑你毛病是慣用管理手段

職場金句

◆ 遇到愛挑毛病、吹毛求疵的上級，我們要調整自己的心態，把它當作對方的一種管理手段。
◆ 沒有得到老闆的信任，做什麼都是錯的。

有些老闆為了樹立自己的威信，會千方百計在員工身上挑毛病，打壓員工自信心，讓員工覺得自己做的很多事非常愚蠢，從而盲從於上級。

遇到愛挑毛病、吹毛求疵的上級，我們要調整自己的心態，把它當作對方的一種管理手段。我們如果把上級嚴格的要求當作對自己的一次挑戰，就會認真對待，反覆地思考，把工作做好。我們的工作能力、工作品質也會提升。如果我們把上級的嚴格要求當作一種痛苦，當作壓力，當作對我們自己的歧視，那麼我們一旦被要求，心裡就會產生壓力，進而抱怨，有負面情緒。不僅沒有成長，還可能產生心理問題。

所以，遇到上級嚴格要求，我們要更努力地工作，感謝

PART THREE　贏得上司讚賞

上級給我們的機會。遇到上級批評，要虛心接受，而不是抱怨，要看我們哪些做得不夠好，哪些可以改善，哪些可以提升。當然，在很多情況下，我們還要學會分析，上級是真的對你的工作不滿意，還是對你這個人不信任。

南宋名將岳飛為什麼落得必死的下場？岳飛練的兵能打硬仗，對宋高宗來說，將他收為心腹對鞏固皇權大有好處。但岳飛抗金心切，固執地要求增兵、增權，還提議建儲，不按上級意圖辦事，拒絕升遷，這些行為都觸犯了宋高宗的禁忌，甚至連他留意翰墨、禮賢下士，也會使皇帝疑神疑鬼。即使岳飛真誠表明要功成身退，準備在廬山東林寺度餘年，宋高宗也根本不信。

對於岳飛來講，他是遇到了一個愛挑毛病的老闆嗎？非也，其實是宋高宗對岳飛不放心。沒有得到老闆的信任，下屬做什麼都是錯的。

54　上級不麻煩你，就是拋棄你

職場金句

> ◆ 聰明的職場人，善於從上級對自己的「小動作」「小跡象」上，判斷自己的發展前景是光明還是黯淡。

職場中，同事之間除了工作關係外，還有情感聯結，在平時的相處中，同事之間也會無形中形成不同的小團體。大家都喜歡找與自己親近的人幫自己辦事，或者一起參與社交活動。你與上級相處的時間長短，你與上級在一起時空間距離的遠近，很能反映出你與上級的關係。如果上級外出應酬不再帶你參加，工作上的事再忙，也不像以前那樣交給你代辦，你就要反思自己，上級已經冷淡你了。

聰明的職場人，善於從上級對自己的「小動作」、「小跡象」上，判斷自己的發展前景是光明還是黯淡。比如：上級突然不給你安排重要工作了；上級突然對你不嚴厲要求了；上級突然對你相敬如賓、客氣了。如果有這三種跡象，你發現後還不能跟上級明說，只能抓緊時間悄悄改正自己。

PART THREE　贏得上司讚賞

　　小湯是個專業型人才，業務能力在部門數一數二。他和副局長關係不錯，副局長平時也很重視他，重要的工作大多都交給他來做，也因此收穫了不少榮譽。可是最近，小湯發現副局長不給他交代任務了，甚至把一些重要的項目交給了平時和小湯關係不太好的員工。

　　小湯有苦難言，總不能對上級說：「老闆，你怎麼不寵愛我了？」小湯暗地裡打聽，原來，上級想把他的同學安排進來當項目負責人，又怕小湯「功高震主」，因而「冷落」了他。沒過多久，上級果然宣布：他的同學空降過來參與一個項目，並明確是項目負責人。小湯仍然參與該項目，遇到難事、麻煩事大家還是找他，但在這個項目裡他只能屈居負責人之下。

55 「冷廟燒香」也會有意外收穫

職場金句

◆ 冷廟燒熱香，自有貴人幫。
◆ 雖說「虎落平陽被犬欺，龍游淺水遭蝦戲」，但也要知道，「金鱗豈是池中物，一遇風雲便化龍」。

古人云：冷廟燒熱香，自有貴人幫。誰都喜歡拜熱廟，但熱廟香客太多，你若是個小人物，你的香火錢若是少了，沒人會記得住你。但冷廟的菩薩不是這樣的，平時冷廟門庭冷落，無人禮敬，你若是很虔誠地去燒香，神對你當然特別在意。如果有一天風水轉變，冷廟成了熱廟，你有事去求他，他自然對你特別照應。

對於上級同樣如此，對「備份」的、無實權的、暫賦閒的上級，要經常走訪聯絡，這樣很容易建立關係。一旦這些上級掌握實權，他們會給予你超值的回報。雖說「虎落平陽被犬欺，龍游淺水遭蝦戲」，但也要知道，「金鱗豈是池中物，一遇風雲便化龍」。對於暫時不得志的上級，你最好還是不要

PART THREE　贏得上司讚賞

「欺」，而是要「冷廟燒香」、「雪中送炭」，將其經營為自己的人際關係，為自己多累積一點福報。當然，這種行為要相對低調，不能引發在職實權上級的反感。

PART FOUR　營造團隊氛圍

PART FOUR　營造團隊氛圍

56　學會經營職場形象

職場金句

◆ 在傳播媒介非常豐富的情況下，打造什麼樣的人設，怎樣打造人設，對你今後的發展至關重要。

職場中，人人渴望成功，為了職位、權力、待遇展開了大量的競爭。而一個人的成功不僅取決於他的工作表現，相當程度上也取決於那些可以幫助你發展職業生涯的人是否願意讓你獲得成功，是否願意助你一臂之力。這個時候，個人品牌形象就很重要，尤其是在傳播媒介非常豐富的情況下，打造什麼樣的人設，怎樣打造人設，對你今後的發展至關重要。

成功者處世所能達到的理想功效就是「不見其人」，就有「久聞大名」的效果。好名聲是立足職場的重要資本，只有把自己的名聲經營好，才能得到別人的認可，才可能彰顯自己的價值。

職場形象事關長遠發展，職場上要有打造個人品牌的意識，是認真嚴謹、客觀公正，還是勤奮好學，抑或多才多

藝、反應快、主意多。好名聲的累積，與財富累積一樣，需要時間，需要付出，也需要正當的手段。以脫口秀節目聞名的歐普拉・溫芙蕾（Oprah Winfrey），成功將個人品牌延伸到自己創辦的雜誌和有線電視節目中。經營個人職業品牌如同經營商品品牌一樣，就是設計、規劃、經營自己的職業生涯。外表、職稱、職務是衡量個人品牌的外在的參考指標，除踏實肯幹之外，也可以透過會議上多發言、多發表文章、展示具有獨特風格的個人魅力等來打造個人品牌。

小劉是一家銀行的普通員工，靠著日常閱讀累積，時不時寫點小文章，其文章經常被總行發表，偶爾還會被外部第三方機構刊發。時間一久，小劉漸漸有了「會寫文章」的個人形象。沒多久，分行下轄的另一家分行辦公室正好需要一個具有文宣優勢的員工，小劉順理成章地調職，並且很快實現了職務晉升。

57　多個朋友多條路

◆ 現代職場已經告別了單打獨鬥的個人英雄主義時代，團隊戰鬥力是取勝的核心要素。
◆ 朋友就是你的人脈，人脈就是錢脈。

人脈資源是一個人馳騁職場的重要法寶，現代職場已經告別了單打獨鬥的個人英雄主義時代，團隊戰鬥力已是取勝的核心要素。

人脈即人際關係、人際網路，展現人的社會關係。人脈並非與生俱來，除了依託出身、成長環境等先天性因素外，更重要的是要靠自己開拓，不斷去認識人，並維護好關係，形成合力。

值得注意的是，打造人脈資源，不僅僅是看社群軟體上有多少好友、通訊錄裡多少聯繫人、與多少人喝過酒，不是記得有多高級別的官員或大企業家的名字，而是看能被你呼叫的有多少人、是哪些人。

每個人都有人脈，人脈也有高低、層次之分，而要做到建構豐富的高層級人脈資源，不僅需要你的人品得到大家認

可，更重要的是你要有幫助他人的能力。社會是公平的，關係是互助的。切記，能耐小的人是很難有大人脈的，所以說，練好內功提升自己是打造人脈資源的關鍵之一。

每個人的發展都是動態的，今天的小兵可能就是明天的將軍，你眼前的無名小輩也可能就是有硬背景的人。所以不要小看身邊的陌生人，說不定哪天他就是你的上帝。打造朋友圈、拓展人脈資源，需要你開放的胸懷。

你擁有多大的朋友圈子，你就有多廣的知名度，就有多大的可調動資源。

PART FOUR　營造團隊氛圍

58　私人關係決定職場溫度

職場金句

- ◆ 私人關係,就是可以讓我們在職場中更快樂的一種關係。
- ◆ 他們不是你在工作中認識的朋友,而是碰巧和你一起工作的朋友。

職場中存在私人關係嗎?當然是存在的。職場也有不同的關係,有的職場關係幫助我們快速成長,有的職場關係讓我們更加快樂。而職場中的私人關係,就是可以讓我們在職場中更快樂的一種關係。

職場中的各項工作都有相應的流程和規定,大家習慣公事公辦,但在實際工作與生活中,如果你與對方有私人感情或關係,對方會更好地幫你完成工作。同時,有些正常本職工作,當事人也會專程跟對方要人情,把正常工作變成增強私人關係的籌碼。

所以,要想有一個有溫度的職場環境,就要在工作關係之外,和上級、同事、下屬建立良好的私人關係。

最好的私人關係是知己關係。即彼此擁有最親密的工作關係，生活中也是要好的朋友。即使你不再在這家公司工作，你們也是好朋友。

這種從工作中發展起來的知己，也就是你們一輩子的朋友。你們在一起有樂趣，他們不是你在工作中認識的朋友，而是碰巧和你一起工作的朋友。

提到劉備、關羽、張飛，人們首先想到的就是桃園結義，當年三人在桃園中的一拜，拜出了深厚的兄弟感情，拜出了流傳千古的佳話。

很多人都了解劉、關、張三兄弟的感情很好，那到底好到什麼程度呢？

據《三國志》記載，劉備、關羽、張飛三人「食則同席，寢則同榻」，意思就是劉、關、張三人平時都是坐在一張桌子上吃飯，就連睡覺也是睡在一張床上。他們這麼好的兄弟關係，沒有矛盾，沒有競爭，也是他們能夠共同成就大業的重要原因。

PART FOUR　營造團隊氛圍

59　關係都是「麻煩」出來的

職場金句

- ◆ 很多人怕麻煩別人。但是,不麻煩彼此,關係也就無從建立。
- ◆ 適當向上級或同事提要求,其實是一種了不起的智慧。
- ◆ 不願意麻煩別人,在自己看來是堅強,在別人看來,是豎起了一堵高牆,封鎖了外界的善意。

　　很多人,尤其是職場小白,遇事習慣自己一個人扛,不敢或不想麻煩別人,總感覺不好意思。長此以往,自己的職場朋友圈也遲遲擴大不了。

　　實際上,從心理學角度看,人與人之間的關係加深,相當程度上是因為經常麻煩對方而產生的。不願意麻煩別人,在自己看來是堅強,在別人看來,是豎起了一堵高牆,封鎖了外界的善意。職場中遇到事情,可以儘管大膽主動找上級、找同事求助,尤其是經常找他們幫忙解決一些小事情,既不讓別人過於為難,也能讓其發揮作用,獲得成就感,更

能加深同事關係。幫過你的人,今後更樂於幫你,你幫過的人,不一定會幫你。

適當向上級或同事提要求,其實是一種了不起的智慧。常言道:老實人吃悶虧,會哭的孩子有奶吃。在利益面前,不能逆來順受,也不要過分謙讓,應該找合適的時機提出自己的要求。請他們支持與幫助,看起來是給他們增添了麻煩,但實際上,關係也是麻煩出來的,有時候,大家會感覺到你更真實、更可靠。

宋先生是一個能量很大的人,社交廣泛,他曾說過這樣一句話:「關係這個東西,你就得常動。越動呢就越牽扯不清,越牽扯不清你就爛在鍋裡。要總是能分得清你我他,生分了。」人與人之間的關係確實是這樣的,隨著對方對自己的付出慢慢增多,也代表對方對你的感情越加深厚。

PART FOUR　營造團隊氛圍

60　跟對人，站對隊伍

職場金句

> ◆ 下對注，贏一次；跟對人，贏一世。

俗話說，下對注，贏一次；跟對人，贏一世。職場中，跟對主管、站對隊伍非常重要。

職場如同江湖，無形中形成了不同的利益團體，也會有明爭暗鬥和勾心鬥角。無形中，置身其中的人也會面臨站隊的問題。有些人表面上顯露出來積極進取，有超強的事業心，實際上，往往也是圍繞自己一條線上的主管或利益在做。有些職場人只知道埋頭做事，不知道甚至不屑於與人交往，理不清職場關係，反而會在不知不覺中得罪人，受到排擠。

對一般員工而言，跟對主管、站對隊伍非常重要。表面上，你是在和職場不同層級的同事建立起了熱情友善的關係，展現相互幫助、團結友愛的樣子。實際上，無形中，你把自己融入了一個大團體，收穫了極大的支持。

同時，也要認清主流，爭取主動，擺正位置，使一個無

形的群體來支持和推動你的發展。這樣比起單打獨鬥，或者受無形壓制，你的發展會快得多。

李主管一直跟隨的上級待他非常不錯，當上級被派到另一個機構時，問李主管想不想跟著過去。李主管滿口答應了下來。

但這時麻煩來了，新來的總經理也非常賞識李主管，幾次找李主管談話，想讓他留下來。

但李主管態度很明確，一定要走，這下把新上司給惹惱了。新上司到處告李主管的狀，宣揚他的不是，甚至捏造了一些莫須有的事情，調動也一直被他卡著。

李主管既生氣，又無奈，畢竟官大一級壓死人。他還主動找新上司溝通了幾次，說明自己的處境，希望對方能理解。但新上司只是拍了拍李主管，說：「我理解你，不過我們這邊也缺人，暫時還不能調你過去，也請你理解我。」

PART FOUR　營造團隊氛圍

61　同事沒有幫助你的責任

職場金句

◆ 同事不幫你是本分，幫你是情分。
◆ 不要拿你眼裡所謂的舉手之勞，理直氣壯地去麻煩別人。

職場不同於學校，同事也不是老師，同事不幫你是本分，幫你是情分。職場小白遇事要主動請教，如果同事們沒有主動來指導你、幫你分擔，不要埋怨，應該反思自己有沒有主動幫過別人，不要拿你眼裡所謂的舉手之勞，理直氣壯地去麻煩別人。

在這世上，沒有任何人有義務去幫你。請別人幫忙，無論事大事小，都應該心懷感恩，而不是擺出一副人家該幫你的架勢。一個不懂感恩的人，不僅會失去人心，更難有較好的前景和出路。

李麗公司有個同事，請了一週的假，準備外出旅行。但那位同事臨走之前，手裡的工作還沒幹完，而老闆堅決讓她完成了才能離開。她找到李麗幫忙，一張口就說：「不是多大

的事,費不了你啥精力,幫我順便做了吧。」

　　李麗心裡挺不舒服,哪怕的確不需要花太多精力和時間,但對方請人幫忙做事的態度也未免讓人感到不快。但李麗想著成人之美,也就答應了。

　　在接下來的一週中,李麗非常忙,除了要完成自己的任務,還要幫忙做同事交代的工作。

　　一週後,這個同事休假回來,剛到辦公室跟她說的第一句話不是謝謝,而是問她:「事情都完成了吧?沒出錯吧?主管沒問吧?」

　　李麗感覺特別寒心,和她的關係也漸漸淡了。

PART FOUR 營造團隊氛圍

62 朋友圈不在於大，而在於合理

職場金句

- ◆ 圈子不要太大，容得下自己和一部分人就好；朋友不在於多少，自然隨意就好。
- ◆ 與其被不舒服、不健康的人際關係牽絆，不如花時間去完善自己。

大家都知道多個朋友多條路，多認識一些人，無論是對自己的事業還是人生發展都是非常有益的。但在實際生活中，朋友圈卻不是越大越好，畢竟一個人的精力是有限的，要消除無效社交。

據統計，一個人常聯繫的對象一般不超過 250 人。人在職場，圈子不要太大，容得下自己和一部分人就好；朋友不在於多少，自然隨意就好。

「不要去追一匹馬，用追馬的時間種草，待到來年春暖花開之時，就會有一批駿馬任你選擇」。與其被不舒服、不健康的人際關係牽絆，不如花時間去完善自己，無須刻意討好、迎合，當你變得優秀，自然會有優秀的人來靠近你。

小李熱衷於交朋友，他每天的大部分時間都是和朋友在一起，他的人生理念就是那句老話，「朋友多了，路好走」。

小李經常有各式各樣的飯局、酒局，每天喝酒、划拳不亦樂乎，吃喝完畢直奔卡拉 OK，在閃爍的燈光下唱歌、喝酒戲耍一番，而且必須玩到深夜，喝得醉醺醺，才東倒西歪地回家，心裡也高興認識這麼多朋友。

小李的老婆為此跟他吵過好幾次，他卻振振有詞地說：「你懂什麼？這是應酬交朋友，是男人做事業必需的社交。」

天有不測風雲，由於每天不停喝酒，小李的身體出了狀況，得了肝癌。醫生說跟他平時不良的生活習慣有很大的關係，比如喝酒過量，生活沒有規律，等等。最令他失望、難過的是，那些每天與他吃喝玩樂的朋友，知道他得了癌症，紛紛離他而去。最後在小李身邊陪伴的只有家人了。

PART FOUR　營造團隊氛圍

63　別人記住了你，就等於選擇了你

職場金句

◆ 要嶄露頭角，需要讓別人看到你的能力和業績。
◆ 要讓別人記住你，一定要學會抓住關鍵機會。

「槍打出頭鳥」，很多人因此傾向於融入群眾，避免引人注目。但一個簡單的事實是，人們更能記住第一名。為了讓他人尤其是上級賞識你，你就要嶄露頭角，需要讓別人看到你的能力和業績。職場中的很多競爭，實際也是為了得到更多關注而悄無聲息進行的。熟悉產生偏好，別人記住了你，就等於選擇了你。

要讓別人記住你，一定要學會抓住關鍵機會。一般來說，公司如果推出什麼創新型項目，展開什麼轉型改革，有一些職責不清、界線不明、責任和風險相對較大、老員工一般不願意接手的工作任務，只要在自己的能力範圍內，你大可以挺身而出，一方面，這樣做可以為上司排憂解難，另一方面，事情辦成後，你將為自己帶來極大的聲譽。

某公司開發的一個產品需要和某網站合作，原本談攏的一家合作方突然變卦，這個項目頓時就成了「燙手山芋」，公司需要獨立製作一個網站並維持後期營運。

主管該項目的周總很犯難：「公司的技術部從來沒做過網站，而且我也沒有管理網站的經驗，你們看是不是能把這個網站外包出去？」

「當然不行，網站屬於產品的一部分，如果外包出去就屬於外洩。無論如何，管理網站的人只能從你們的專案組裡挑，實在不行我們可以特招一個有經驗的網路營運來打理。」總經理說。

沒想到這時，專案組裡一個平時默默無聞的男孩子站了出來，他之前只是負責項目的市場活動策劃和文案撰寫。他對周總說他有過在網站工作的經驗，HTML（超文字標記）語言和SEO（搜尋引擎）優化他也懂一些，所以他可以負責管理這個網站。

經過一段時間的營運，這個男孩順利完成了項目，也由此讓周總記住了他，他之後也從一名普通員工躍升為主管。

64 職場要有權力，也要有魅力

職場金句

> ◆ 魅力型領導者是指具有自信並且信任下屬，對下屬有高度的期望，有理想化的願景，以及有個性化風格的領導者。
> ◆ 將權力和魅力互相結合，才會受到上級認可、同級支持和下屬的衷心愛戴。

職場中，大家都羨慕老闆，都渴望成為老闆，因為老闆手握大權、統籌資源，作用重大。不同層級的主管，擁有組織授予的不同權力，實際上，職場中的每個職位都有領導權力，不過有的是顯性領導力，有的是隱性領導力；有的是強領導力，有的是弱領導力。但一個人要能發揮相應領導力，把被授予的權力用足用好，收到實效，這就離不開領導者的個人魅力。

魅力型領導者是指自信並信任下屬，對下屬有高度的期望，對環境具有敏感性，具有遠見，能夠建立願景，同時懷有堅定的信念，以及有個性化風格的領導者。將權力和魅力

互相結合,才會受到上級認可、同級支持和下屬的衷心愛戴,也才能真正全面發揮出領導者的作用和風采。

《史記‧高祖本紀》記載,漢高祖劉邦打敗項羽取得天下以後,在洛陽南宮設宴與下屬共飲。酒過三巡、菜過五味之後,劉邦說:「你們大家都別隱瞞,各位都照實說,你們說我劉某人之所以取得天下是因為什麼?而他項羽失去了天下又是因為什麼呢?」

高起、王陵反應比較快,兩個人說:「您性情傲慢而喜歡羞辱別人,項羽性情寬厚而且關愛他人。不過您派人攻城略地,有了收穫都犒賞下屬,和大家一起分享勝利,從來不吝嗇。而項羽嫉妒心重,有功勞的要加害,有才能的要懷疑,取得成績的不給名也不給利,所以他就失去了天下。」

劉邦說:「你們是指知其一,不知其二。要說謀略,運籌帷幄之中,決勝千里之外,我不如張良;要說管理,治國家,撫百姓,給饋餉,不絕糧道,我不如蕭何;要說打仗,能統領百萬之軍,戰必勝,攻必取,我不如韓信。這三位都是大英雄,我能用這三位英雄,讓大英雄為我工作、聽我指揮,這就是我取得天下的根本所在。」

PART FOUR　營造團隊氛圍

65　「鐵公雞」沒有好人緣

職場金句

◆ 往而不來，非禮也；來而不往，亦非禮也。禮尚往來是人與人交往、傳情達意的溝通方式。
◆ 不求非分之福，不貪無故之獲。

典籍《禮記》中寫道：禮尚往來。往而不來，非禮也；來而不往，亦非禮也。禮尚往來是人與人交往、傳情達意的溝通方式。禮物不僅包含了物質，還被賦予了一定的情感。

人情在於往來，職場亦如此。與上級、同事除了常規工作交集外，偶爾的人情往來：聚一次餐，出差回來帶一件紀念品，同事家婚喪、購房等重大事項出點錢，也是增進感情、融洽工作氛圍的舉措。事實上，讓渡利益，讓上級和同事滿意，是職場人情商高的表現。這裡所指的利益，不僅僅是錢財、物品，也包括讚美、表揚等精神鼓勵。連好話都捨不得說的人，職場中肯定沒有好戰友。

《菜根譚》中說：不求非分之福，不貪無故之獲。那些想

65 「鐵公雞」沒有好人緣

占便宜的人，自以為很聰明，實則會吃大虧。所以，職場中人，千萬別成為別人眼中的「鐵公雞」。

某公司職員老羅，只要是公司同事組局或者請客吃飯，他都非常積極，甚至不是東道主勝似東道主，不是點菜就是叫酒，在飯局上永遠是最活躍的那一個。不僅如此，他還會時不時找藉口叫這個請客，或者叫那個請客。但老羅自己從來不回請別人。

有一次，老羅運氣好，簽了一個大單。其他同事就開玩笑說了一句：「老羅，這次發了不少獎金吧？總該輪到你做東，大家出去開心一下了吧？」

但是老羅說：「提成也就一萬來塊錢，哪裡夠我們這麼多人出去，更何況這個月的房租我都還沒著落呢，等下回，拿更多提成的時候再請大家，我們要去就去好一點的餐廳吃一頓。」

在老羅的嘴裡總是下次又下次，根本就沒有哪次能夠兌現的。大家都看清了老羅小氣的本質，之後聚會都不叫老羅了。

PART FOUR　營造團隊氛圍

66　讚美要真誠

職場金句

◆ 讚美是你對他人關愛的表現，是職場中良好的人際溝通。

◆ 讚美要具體，越具體越能讓對方感受到你的真誠。

讚美是一個人發自內心地欣賞他人，然後用真誠的語言表達給對方的過程。讚美是你對他人關愛的表現，是職場中良好的人際溝通。「你今天氣色不錯」「你的策劃非常棒，對公司的發展很有幫助」「你一定能做到的」，這樣的話語具有無窮的魅力。

但我們也應該注意到，人對事物刺激後的反應是有時效的。人們常說的時間能沖淡一切，也就是說，隨著時間的推移，人們對很多事情都不再敏感了。如果同事穿了件新衣服，工作中取得了新突破，職稱申報成功，工作彙報受到上級的關注，等等，要表示讚美，就要在見到對方或聽到消息後第一時間表達。如果時間拖長了，可以在讚美前加一句

「我剛剛聽說」「我才曉得」。同時，讚美要具體，越具體越能讓對方感受到你的真誠，而不是讓對方感覺你在做場面、做表面文章。

王女士嘴巴很甜，見到主管總是恭維一番，然而她的恭維總是令她的主管十分苦惱。每天一上班，王女士的讚美聲就源源不絕地湧入她的耳中。

「前輩，妳又買了一套新衣服啊？顏色真漂亮，真適合妳。」

「前輩，沒見妳穿過這條裙子啊，妳又去逛街啦，還有這對耳環也是新買的吧？我怎麼就不會這麼打扮呢？真好看。」

終於，主管被王女士的過分恭維弄煩了，她十分嚴肅地對她說：「不是妳沒見過的就是新買的，我的衣服有的已經穿了好幾年了，只是搭配不同而已，妳一嚷嚷，人家還以為我多物質呢，以後請別再誇我的衣服了。」

王女士的恭維不僅沒讓主管高興，反而還惹惱了她，這源於王女士的讚美內容千篇一律、毫無新意，反而讓人感覺不真誠，很諂媚。

67 批評忌直白

職場金句

- 卡內基說過:「批評不但不會改變事實,反而會招致憤恨。」
- 批評要實事求是,不能擴大和更新。

職場中,表揚和批評是常見的溝通方式。表揚屬於肯定訊息,對溝通技巧要求不太高。批評是否定訊息,要使批評真正讓當事人接受,收到良好效果,批評的技巧就顯得尤為重要。卡內基(Dale Carnegie)說過:「批評不但不會改變事實,反而會招致憤恨。」因此,批評不能太直白。也許有人會覺得,錯在哪,就應該批評哪,直接指出來,不是更便於讓當事人明白嗎?實際上,由於每個同事個性不同、錯誤產生的原因不一,這些情況都是要差異化對待的。

批評也要講究策略:(1)批評要實事求是,不能擴大和提高。比如,員工遲到一次,不能批評為作風散漫,無組織無紀律。(2)不能不分場合。有的時候,一點小錯誤,私下批評就好,大庭廣眾之下批評,當事人受不了,其他人也有意

見。（3）批評時機要合適。同事的孩子會考取得優異成績，當事人正滿心喜悅，你來一句「有什麼高興的，你上個月指標還沒完成」，這樣可能會帶來逆反效應。（4）批評中也要有鼓勵，「三明治」批評法值得學習借鑑，方法是：批評別人的時候，在批評的前面加一句肯定的話，後面再加一句寄予希望和信任的話。比如，某人因粗枝大葉犯了錯誤，可以這樣說：「你以前做事挺認真負責的，昨天出了這樣的差錯，造成這麼大的損失，真不應該，以後工作要仔細點，我相信你能做好的。」

批評他人的七個小技巧：

- 批評要及時，並盡可能在私下場合，面對面地進行。
- 對事不對人，切莫情緒化。
- 批評者與被批評者要就所犯錯誤的事實達成一致。
- 批評者在批評過程中要學會詢問和傾聽。
- 批評者要解釋這件事的重要性或批評的原因。
- 批評的同時要形成彌補方案。
- 用褒獎的言辭或者略帶幽默的語調結束批評。

PART FOUR　營造團隊氛圍

68　拒絕有技巧

職場金句

> ◆ 永遠不要當眾拒絕，不挑戰權威。
> ◆ 延遲拒絕，絕對不要在第一時間說「不」。

在職場中，面對主管或同事提出的要求，很多人都會積極主動想辦法去解決，但也確實有一些不合理、自己難以辦到的事情，這個時候，不能貿然答應，而是要學會巧妙拒絕，這樣才能維護對方的權威和尊嚴，又不至於使自己陷入尷尬局面。

筆者在出版的另一本書籍中，提出了以下九個拒絕對方的小技巧：

- 永遠不要當眾拒絕，不挑戰權威，要顧及對方面子。
- 延遲拒絕，絕對不要在第一時間說「不」。
- 假設拒絕，用假設的方法，虛擬推演出一個按他的要求辦事可能產生的後果。
- 幽默拒絕，透過隱喻溝通彼此的情感以達到交流的

目的。
- 反守為攻拒絕，向對方提出完成此項任務的幾個必須條件。
- 模糊拒絕，在模糊的語言環境中達到拒絕對方又不傷害對方的目的。
- 轉移視線拒絕，提醒對方能否把這項任務交給更合適的人。
- 自嘲式拒絕，在自己身上找一個與之相關的缺陷做藉口，用風趣的語言自嘲一番。
- 糾偏式拒絕，用充分的理由，幫助對方分析利弊。

PART FOUR　營造團隊氛圍

69　記住別人的名字

職場金句

- ◆ 每個人都非常關注與自己相關的人和事。
- ◆ 名字作為每個人特有的標識，是非常重要的。

有個好人緣是我們每個職場人的理想，上司關愛、同事關心，在這樣的氛圍下，每天工作都會很愉悅。這看起來簡單，真正做到卻很難。但有的人輕鬆就能搞定上司、同事，是因為他們掌握了一個職場小竅門，這一方法能夠幫助你快速收穫職場好人緣。

心理學上有一個規律，就是每個人都非常關心與自己相關的人和事。名字作為每個人特有的標識，是非常重要的。記住別人的名字，再次見面時能直接叫出對方的姓名，這不僅是對他們的尊重，也表示你對他們的重視，同時也讓別人對你產生更好的印象。

記住別人的名字的五大技巧：

- 重複一遍名字：你可以重複一遍他的名字來確認自己是否記住和發音正確。如果他的名字比較難記，你可以多重複幾遍。
- 多使用名字：當你與對方交談時，盡量多提及對方的名字。
- 將名字對上人：將你記憶的名字與對方的相貌相互對應，心裡重複這個連繫並且記憶多次。
- 使用相連繫的詞語：如果對方的名字和你所知道的某些詞語或者與你的朋友的名字有相似之處，那趕快將這個相似點記下來。
- 寫下來：把他們的名字寫下來，多翻幾次筆記本，久而久之就印入你的腦海了。

PART FOUR 營造團隊氛圍

70 能幹的不如會說的

職場金句

◆ 善於溝通的人，容易被上級發現和接受，容易贏得同事好感。

職場中，有人習慣默默無聞地幹活，信奉日久見人心的道理，最終憑業績贏得上級和同事的好評。有人巧言令色、誇誇其談、不做實事，卻也在職場混得風生水起。

或許有人心裡就有疑問了，在職場中能幹的和能說的，到底哪個吃香？其實，真正的答案不是非此即彼。

縱觀職場，善溝通的人，容易被主管發現和接受，容易贏得同事好感。能幹的不如會說的，這裡所提及的「會說」，是指善於溝通、及時回饋，從而讓上級、同事知曉相關資訊，心裡踏實，也贏得上級、同事的理解、接納和支持。

但如果只把心思用在溝通技巧上，實際能力和業績不行，時間一長，也會露出馬腳，最終不會有好結局。

實幹才是立足職場的根本。無論你的溝通技巧多麼高

明，都別疏忽了能力與業績。如果你只知道默默無聞地「死」幹，也請注意提升一下自己的溝通能力。溝通能力不是萬能的，但不會溝通肯定是不行的。

有一次，乾隆皇帝帶著劉墉微服私訪。這一天，二人來到了一處寺廟裡散心。乾隆突然指著不遠處一尊彌勒佛像問劉墉：「愛卿，你說彌勒佛為什麼對朕咧嘴大笑？」

劉墉胸有成竹地說道：「回稟皇上，殿下是當今的活佛，彌勒佛見了真佛，當然會笑。」

這馬屁拍得著實可以。可是，劉墉萬萬沒想到，乾隆還留了後手：「那彌勒佛為何見了你也笑？」

這可就尷尬了，乾隆的言外之意是，莫非你劉墉也是真佛，可以跟朕平起平坐？那可是大逆不道的罪過。

只見劉墉臉不紅心不跳地回了一句：「彌勒佛對微臣笑，一是在恭喜微臣遇到了真佛，二是在嘲笑微臣成不了佛。」

PART FOUR 營造團隊氛圍

71 承諾就是欠債

職場金句

◆ 拿破崙曾經這樣說過:「我從來不輕易承諾,因為承諾會變成不可自拔的錯誤。」
◆ 一個不能兌現的承諾,對請求者來說是一種蹂躪。

拿破崙曾經這樣說過:「我從來不輕易許諾,因為承諾會變成不可自拔的錯誤。」不輕易許諾是一種謹慎的行事態度。

職場中相互幫忙是正常現象,但幫忙一定要量力而行,要考量自己的能力、時間、對方的要求、是否能夠達到對方的預期。對別人請求幫忙的事情一旦承擔下來,對方就會對你寄予一定的希望,辦好這件事就是你的責任了。如果辦不好或只說不做,那就是不守信用,有損你的職場形象。

當然,對求助者也得區別對待,如果對方確實遇到難題,我們還是應該挺身而出,全力以赴。但如果對方明明自己可以解決,如遞個資料、拿個快遞、值班等,也頻繁來向你求助,一定要有說「不」的態度。

一個不能兌現的承諾，對請求者來說是一種踩躪，比沒有兌現承諾受到的傷害更大。職場中，不要輕易對人許下諾言。一旦許諾了，就要去兌現。要知道，自己可以忘記自己的許諾，但是別人通常不會忘記。所以，千萬不要輕易地許諾，不然不僅不會讓自己賺取信譽，反而會讓自己成為言而無信的人。

從前，有個商人坐船過河，結果在過河途中，船不小心翻了。這個商人不會游泳，在船翻的剎那抓住一根大麻桿，他大聲呼救。有個漁夫聽到了商人的呼救聲，聞聲而來。商人看見有人來了，急忙大聲喊：「我是這裡最大的富翁，如果你能救我，我就給你一百兩金子！」漁夫聽後，趕緊將商人救上了岸。但是，等被救上岸後，商人就翻臉不認帳了。他只給了漁夫十兩金子。漁夫責怪商人不遵守諾言，但商人說：「你一個漁夫，一輩子都賺不了多少錢，現在突然得了十兩金子還不滿足嗎？」漁夫被他說得啞口無言，只好怏怏離去。

後來，商人做生意又經過那條河，結果不幸又翻船了。他大聲呼救，有人想要救他。這時，那個被他騙的漁夫就對大家說：「他就是那個說話不算數的人！」於是，大家都沒有去救商人，商人最後淹死了。

72　好事見者有份

職場金句

◆ 功成不居,有功不貪功,得功讓其功。

同事關係的處理常常展現在細節上,尤其是在涉及利益時,我們要牢記,有捨才有得。

自古以來「不患貧而患不均」。同事間利益均享的觀念在當今職場也十分普遍,和同事共享功勞、榮耀,能夠幫助你贏得大家好評。一個人做事千萬別做絕,不能好處全部得盡。同事間相互幫助、相互扶持是職場行穩走遠的法寶。

比如,你在一年一度的先進員工評選中榮獲年度先進個人稱號,也拿到了 10,000 元獎金。你能當選,是你一年來辛苦打拚的成果,是你無數汗水的結晶,但這個時候,你不應把獎金和證書一收了事,而應該在方便的時候請同事小聚一下,或者是利用出差機會帶份小禮品給同事們,對大家表達你的心意。

功成不居,有功不貪功,得功讓其功,讓榮譽為大家所分享,讓所得為大家所共有,才能贏得人心,使榮譽的獲得眾望所歸。

明朝建立之初，劉伯溫是朱元璋的軍師，他用高超的計謀幫朱元璋消滅了陳友諒，奠定了明朝的基礎，朱元璋說沒有劉伯溫的計謀自己很難成功，他是大明的功臣。

要是作為普通人，立即就會接受老闆的賞賜，恨不得把自己的功勞掛在嘴上，讓所有的人都知道這是自己的謀劃。

可劉伯溫又是何等人物，他推掉功勞，並說朱元璋得天下是順應天命，不是他的計謀高，而是客觀規律，是領導者決策正確，眾將士努力的結果。

劉伯溫功成隱退，最後得以善終，不得不說這真是大智慧。

PART FOUR　營造團隊氛圍

73　娛樂活動少爭輸贏

職場金句

◆ 在針頭線腦裡爭輸贏，只會輸掉自己的人緣；在雞毛蒜皮上辯對錯，只會敗光他人的好感。

俗話說得好，「人爭一口氣，佛爭一炷香」，但有時候不爭的人，比能爭、會爭之人有福多了。現實生活中，總有大部分人抱著輸不起的心態，喜歡和身邊的人爭個不停，較真較勁，言辭激烈，這樣的人往往不夠豁達。在針頭線腦裡爭輸贏，只會輸掉自己的人緣；在雞毛蒜皮上辯對錯，只會敗光他人的好感。

拿職場休閒活動為例，比如打球、唱歌等活動，這些是愉悅身心、增強團隊凝聚力的一些舉措，這些場合下更沒必要較真。只要不是正規比賽，即使能力再強、水準再高，也要有意給他人面子，尤其是要謙讓上司、前輩。比如打乒乓球的人都知道，一局 11 分制，很少有 11：0 的結果，高手會根據對手情況有意讓 2 分。

王任做任何事，從來不想輸。即便是團隊作戰，他也一定想要表現得最突出，一定得是他奪得團隊的「最佳貢獻」。

如果是競技類比賽，要麼不參加，參加了，那就絕對要衝著排名去。用他的話來說，排名第一，友誼第二。既然是競賽，那就一定要爭個高低，不然打友誼賽就好了。

王任這股勁頭很好，卻因為太過於在乎輸贏，導致團隊成員對他頗有意見，老闆也覺得他太爭強好勝，不好與人合作，不能委以重任。

PART FOUR　營造團隊氛圍

74　公開場合避免爭吵

職場金句

◆ 爭吵的本質就是衝突。
◆ 當我們爭吵時，其實往往是因為其中一個人的需求沒有得到滿足。

　　職場中的溝通交流，也要注意維護對方臉面，尤其在會議上等公開場合要注意分寸，在公開場合進行爭吵，不僅會讓別人感覺你素養不高，也會令對方更加氣憤，視你為死敵。

　　爭吵的本質就是衝突。《非暴力溝通》中提到過：當我們爭吵時，其實往往是因為其中一個人的需求沒有得到滿足。如果發起爭吵的人能夠停下來想想自己的需求，而另一方也不是急著反駁，而是想想一定是對方某方面的需求沒有得到滿足的時候，暴力的溝通其實往往可以避免。如果雙方確實意見分歧比較大，可以私下進行溝通交流。

我以前部門裡有個同事，特別喜歡抬槓，總能隨時隨地開展一場辯論。

　　一次聚餐，果盤裡的水果很甜，一個同事邊吃邊感嘆：「鳳梨好甜啊。」

　　他立刻大聲提醒：「這叫鳳梨，哪裡是鳳梨！」

　　同事小聲嘟囔：「有什麼區別嘛。」

　　他一聽就惱了：「區別大著呢……」於是開始滔滔不絕，甚至將話題都扯到了植物分類上，硬是說到讓所有人服氣了。

　　原本開心、放鬆的聚餐，卻被他敗了興致，表面上大家都沒說什麼，但從那以後，私下裡的聚會，同事們再也沒有叫過他。

PART FOUR　營造團隊氛圍

75　言多必失，禍從口出

職場金句

◆ 君子三緘其口。所謂不得其人而言，謂之失言。
◆ 寧在人前罵人，不在人後說人。

職場中，我們每天都要與上級、同事打交道，自然要相互交流，說什麼、怎麼說、什麼話可以說、什麼話不可以說，都是有講究的，弄不好不經意的一句話就可能把你捲到複雜的人事鬥爭之中，或者是得罪了人。古人有言：君子三緘其口。所謂不得其人而言，謂之失言。

言多必失，禍從口出。逞口舌之快、使用語言暴力很容易，但惡語既出，難以收回，尤其是以揭對方短的方法攻擊他人，更是會得罪人。此外，「寧在人前罵人，不在人後說人」，在職場中，跟同事有糾紛，千萬不要當面不說，背後說個沒完。

曾國藩30歲之前，心直口快，說話也刻薄，讓人很不舒服。有一年曾國藩的父親過生日，同鄉鄭小珊前來祝壽，曾國藩因為口無遮攔，導致鄭小珊憤而離席。

後來曾國藩認識到了自己的錯誤,開始反省自己亂說話的毛病,他說「立身以不妄言為本」,要時刻管住自己的嘴巴。

學會了少言之後,連曾國藩的好友都感覺他像變了一個人,從那以後他的人際關係也更加融洽了。

PART FOUR　營造團隊氛圍

76　既是豆腐心，何必刀子嘴

職場金句

- ◆ 想到什麼說什麼，完全不在乎他人感受，殊不知，這根本不是「直」，而是壞。
- ◆ 大多數時候，標榜自己說話直的人，只是不願花心思考慮對方的感受而已。

生活中有很多人把說話直當優點，想到什麼說什麼，完全不在乎他人感受。殊不知，這根本不是「直」，而是壞。良言一句三冬暖，惡語傷人六月寒。語言能讓人在寒冬中感到溫暖，但也能殺人於無形。如果不分場合地說話直，可能傷害了上級、同事的感情還完全不自知，最終給自己的職場生涯蒙上陰影。

有人說，大多數時候，標榜自己說話直的人，只是不願花心思考慮對方的感受而已。好好說話，是做人最基本的修養。將心比心，每個人都不希望自己被語言傷害。既然能好好說話，怎麼就一定要惡言相向呢，還要稱自己是直言不諱？

不要以說話直為藉口,如果你是豆腐心,那何必刀子嘴呢?萬物皆有因果,你對他人的一句惡言,終會有人回之於你。

在一次公司活動中,大江指著小麗的大腿說:「妳腿很粗,不適合跳舞。」

小麗當場變臉,驚訝地睜大眼睛,然後問大江:「你為什麼要這樣說我?我很難過。」

大江還是執著地回答道:「妳剛剛蹺著二郎腿,腿上的肉堆起來,看著挺粗的。」

小麗表示自己「心原地碎了」。

大江這樣說話就很不尊重人,我們不能以性格直為藉口,口無遮攔,出口傷人,與同事溝通時更應當謹記。

PART FOUR　營造團隊氛圍

77　勇於責己是加分項

職場金句

◆ 責己，就是勇於自己承擔責任。

「人非聖賢，孰能無過」。工作中，難免說錯話、辦錯事，也難免得罪他人。從心理學角度看，人們害怕錯誤，不是害怕錯誤本身，而是害怕錯誤帶來的後果，特別是自己必須承擔的後果。有的人會在問題出現後想盡辦法推卸責任，有的人卻勇於承擔責任。這個時候，他們不用藉口來掩飾自己的過錯，不做無謂的辯解。責己，就是勇於承擔自己的責任。真誠道地歉是一個人誠實和成熟的表現，道歉的行為不僅可以彌補破裂的關係，還可以增進感情、融洽關係，贏得大家的信任。

1920 年，一個 11 歲的美國男孩在他家門前的空地上踢足球，一不小心，踢出去的足球不偏不倚地打碎了鄰居家新裝的玻璃窗。憤怒的鄰居向驚慌失措的男孩索賠 12.5 美元。在當時，12.5 美元是一筆不小的數目，可以買 125 隻母雞！這是一個每天只有幾美分零用錢的小男孩想都不敢想的天文

數字。

闖了大禍的男孩沒有其他辦法，只好向父親講了這件事，希望父親替他擔起這份他無論如何也負擔不了的責任。沒想到，一直寵愛他的父親卻要他對自己的過失負責。男孩為難地說：「我哪有那麼多錢賠人家？」

父親拿出了12.5美元，嚴肅地對兒子說：「這筆錢我可以借給你，但是一年後你必須還給我。因為，承擔自己的過錯是一個人的責任，是責任你就不能選擇逃避。」

男孩把錢付給鄰居後，開始了艱苦的打工生活。他放棄了平日裡熱衷的各種遊戲，把課餘時間都利用起來做所有自己力所能及的工作，經過半年的不懈努力，男孩終於賺夠了12.5美元，並把它還給了父親。平生第一次，他透過自己的頑強努力承擔起了自己的責任。

這個男孩就是日後美國第40任總統——隆納‧雷根（Ronald Wilson Reagan）。

PART FOUR　營造團隊氛圍

78　不必事事看別人臉色

職場金句

◆ 做人，不可能讓所有人喜歡；做事，不可能讓所有人滿意。
◆ 如果把取悅別人當成一種習慣，那你就得耗費大量精力去無限滿足別人。

　　每個人都是不完美的，苛求完美絕對是個錯誤的想法。做人，不可能讓所有人喜歡；做事，不可能讓所有人滿意，總想取悅每個人，讓每個人滿意，也是不切實際的。如果把取悅別人當成一種習慣，那你就得耗費大量精力去無限滿足別人。在這個過程中，你可能會放棄自己的判斷能力，順著別人的思路往前走，正義、原則、流程等都可能被你忽視，不自覺地透過壓縮自己的空間來表現出對對方的友好，因為太在意別人的心情與想法，不想讓別人失望，將會使你忘記自己的初心和目標。老好人容易喪失自信和權威，也將最終迷失在所謂的「奉獻」之中。

2020 年，一位明星錄音事件鬧得沸沸揚揚。原因就是該明星的老闆在會議中公開辱罵她，先是說該明星長得很醜，接著又嘲諷該明星穿著沒有品味，覺得她在公司穿的衣服像刺蝟一樣，還用了「有病」等字眼。

這種公開的羞辱已經超出了所謂「為你好」的範疇，是明確的職場欺凌，嚴重挫傷了當事人的自尊心，讓人無比痛苦。面對這種羞辱，我們沒必要一再忍受。

PART FOUR　營造團隊氛圍

79　關鍵時刻要有個性

職場金句

- ◆ 一個人要在職場站穩腳步，不受他人欺侮，必須要有自己的個性。
- ◆ 老闆往往欣賞有個性、有主見的年輕人，這樣的人才能獨當一面。

俗話說，「軟的怕硬的，硬的怕不要命的」，柿子專挑軟的捏，職場中同樣如此。一些橫行霸道的人經常對一些軟弱善良的員工作威作福。一個人要在職場站住腳步，不受他人欺侮，必須要有自己的個性。

職場人也應該有一些鋒芒，雖不必像刺蝟那樣全副武裝、渾身帶刺，但至少也要讓那些人覺得你不好惹。潑辣的、愛玩命的、有仇必報的、有後臺的、有實力的，別人一般不敢惹，自己也就不會無端受欺侮。

關鍵時刻有個性，也意味著特定場景下，要有自己的判斷，不人云亦云，不隨波逐流，不因眾人的是非標準影響自己的判斷。老闆往往欣賞有個性、有主見的年輕人，這樣的

人才能獨當一面，今後才能有更好的發展。職場不需要唯唯諾諾，習慣忍氣吞聲的人，是很難有大作為的。

　　高工在一家公司擔任專案經理，由於他長期從事單一專案工作，在專業領域中取得了很大的成就，因此，無論是上級還是同事，圈子裡沒人敢冒犯他。

　　高工有一個脾氣，就是小事怎麼都可以被「欺負」，他也不在意，但遇到大事，千萬別惹他、別給他使絆子，否則他不在乎你是老闆還是主管，即便在一些重要會議上，他也會讓你下不了臺。經過兩三次「大發脾氣」，同事都記住了他，也不敢再對他造次。高工透過明確的彰顯個性的行為，給自己營造了非常好的人際關係。

PART FOUR　營造團隊氛圍

80　一個好漢三個幫

職場金句

◆ 一個籬笆三個樁,一個好漢三個幫。
◆ 職場上沒有人脈,成功會很難。

俗話說得好,「一個籬笆三個樁,一個好漢三個幫」。馳騁職場靠個人單打獨鬥顯然不現實,建立和不斷擴大聯盟是職場中的重要功課。下屬、同事、上級、客戶、同輩人、同鄉等,都可以是職場同盟軍。而且,聯盟中的每一個人都基本自帶關係網,不用你親自去組織每一個人,重要的是,你要主動聯絡別人。

職場人都講究發展進步,有的人一個人苦苦鑽研;有的人默默無聞苦幹;有的人八面玲瓏,善於建立龐大的人脈資源網。職場上沒有人脈,成功會很難。

有這樣一個故事,反覆被大家談論。說的是漢高祖劉邦曾問群臣:「吾何以得天下?」群臣答案各式各樣,拍盡劉邦馬屁,但卻不得要領。劉邦說:「我之所以有今天,得力於三個人。運籌帷幄之中,決勝於千里之外,吾不如張良;鎮守

國家、安撫百姓,不斷供給軍糧,吾不如蕭何;率百萬之眾,戰必勝,攻必取,吾不如韓信。三位皆人傑,吾能用之,此吾所以取天下者也。」

81　不要僅從表象看人

職場金句

◆ 在商業職場上,你是個怎樣的人不重要,重要的是你讓人覺得是個怎樣的人。

職場,是最不能以貌取人的。有人不擅言談,但也是飽讀詩書、滿腹經綸;有人雖不會用電腦,但工作經驗豐富;有人不顯山露水,背後的人脈資源卻是非常驚人。要知道,我們眼中的主管、同事,只是他們的一個身分,只是我們看到的這些人的一部分。著名的冰山理論告訴我們,每個人的身後,還有大量的資訊不為我們所知,切不可輕易下結論,不能看不起別人。

在某園區有間公司,因為資金鏈斷裂,眼看就要倒閉了。萬萬沒想到,公司的一個掃地的阿姨,拿出了600萬元入股,救了公司。

阿姨投資的理由很簡單,她說就喜歡公司的氛圍,希望大家都不要走。後來這個阿姨的身分曝光,原來她手裡有8間房子、1700萬元現金。光是房產和手裡現金的投資的收

益,每年基本上可以拿到 200 萬元。阿姨的生活可以過得很好,可是她平時不會打麻將,不愛享受,只願意掃掃地、擦擦灰,在家裡閒不住,所以才來公司做清潔工。

PART FOUR 營造團隊氛圍

82 好為人師不如讓人為師

職場金句

◆ 好為人師,不僅不討人喜歡,還會製造對立。
◆ 對付世間鬧心的事,只需要搞清楚兩件事,一件是「關我屁事」,另一件是「關你屁事」。

好為人師是人的通病,職場中的主管、老員工、青年才俊,或多或少都有這習慣,喜歡對人評頭論足、指指點點,傳授自己所謂的成功做法、寶貴經驗。

但另一方面,從人的心理上來看,人都自視甚高,對自我的正面評價往往都高於他人。也就是說,沒有人喜歡你當他們的老師,人們往往只是礙於身分差異、場合需要等情況勉強接受。好為人師,不僅不討人喜歡,更會製造不好的關係。

英國十九世紀的政治家查士德‧斐爾爵士曾說,你要比別人聰明,但不要告訴大家你比他聰明。我們不是他人,我們沒有經歷一些事,或許永遠無法轉換到他的視角,在不了

解的情況下，不隨便提意見是對對方最大的尊重。對付世間鬧心的事，只需要搞清楚兩件事，一件是「關我屁事」，另一件是「關你屁事」。

PART FOUR 營造團隊氛圍

83 失意人前不談自己的得意

職場金句

- ◆ 除了父母,並沒有多少人希望我們過得好。
- ◆ 炫耀幸福,更多的是惹他人嫉妒,徒增自己的煩惱。

「老同學好,今天公司正式發公文了,我被提拔為銀行行長,你那邊怎麼樣啊?」在某銀行工作的老張興奮地打電話給在另外一間銀行工作的老同學說。

「恭喜你,你能力強,有水準,我不好跟你比。」

老張聽了老同學低緩的回應,有點愣住了。實際上,老張並不知道,他的老同學因違規發放貸款,剛被拔掉副行長職務。

事業取得成功,收入得到提升,這是職場人最快意的事。但在談論自己的得意時,要看場合和對象,可以對民眾、對員工、對客戶,但千萬不能對失意之人。失意的人最脆弱,也最多心,你的開心談論也許會被他誤解為諷刺與嘲弄。

其實，不管我們願不願意承認，有個真相是：這世上，除了父母，並沒有多少人希望我們過得好。不如意事十之八九，可與人言卻無二三。所以，炫耀幸福，更多的是惹他人嫉妒，徒增自己的煩惱。

有這樣一個故事：

某部落客升職後，福利待遇遠高於之前，於是決定請所有關係不錯的同事吃飯。

她原本在酒店裡訂了三桌，可赴約當天，同事們卻以不同的藉口推辭，最後勉強湊了一桌。

席間，大家言笑晏晏，可說出的話似乎變了味，「看不出來，你本事挺大啊」「以後就是上級了，可別瞧不起我們」「走後門了嗎？平時我也沒看出你有多優秀啊」……該部落客本以為會得到祝福，可沒想到，桌上的人多少都沾了點「憑什麼是他」的怨氣。

該部落客說，那大概是她吃過最尷尬的一頓飯。

PART FOUR　營造團隊氛圍

84　顯山露水要合時宜

職場金句

- 一個人炫耀什麼，就缺什麼。
- 「強梁者不得其死，好勝者必遇其敵。」喜歡強出頭的人，都會被更強的人打敗。

古語云：地低成海，人低成王。生活中的強者，往往是不動聲色且深藏不露的，是寧靜致遠且豐富而安靜的。

一個人炫耀什麼，就缺什麼。炫耀的本質，不過是假裝擁有，打腫臉充胖子而已。用一些高調的話來掩飾內心的貧窮，誰能不知？只是明眼人不說而已。

《金人銘》裡寫道：「強梁者不得其死，好勝者必遇其敵。」喜歡強出頭的人，都會被更強的人打敗。「刀砍地頭蛇，槍打出頭鳥」，誰能一直高高在上呢？

真正厲害的人，從不去顯擺自己，而是會收斂自己的鋒芒，低調做人，始終保持著謙虛的態度，懂得自我沉澱，在時間面前，靜下心來，接受歲月的磨練，讓自己在歲月和世事的打磨下，卓爾不凡。

某公司新任董事長率隊到下屬分公司調查。因為分公司經理任期已達七年，需要調職，公司此前安排的備份人選也已在蘇北公司任副經理一年多了，所以董事長第一站就到了分公司，不僅了解經營情況，也考察一下幹部，準備調整領導團隊。

分公司準備了彙報會，經理代表公司彙報了經營情況、存在問題和需要總公司給予的幫助。董事長在聽取彙報後，提出了三個問題進行討論，這三個話題正是備用人選副經理十分熟悉的領域。

「董事長好，經理不熟悉這個問題，我來彙報一下。」副經理不等經理開口，就急忙說開了。副經理滔滔不絕講了三十分鐘，經理的臉色越來越難看，董事長聽得也不耐煩了。

散會後，就在副經理暗自得意的時候，經理已向董事長彙報了副經理業務上不成熟的一些事情。董事長回去後決定，經理繼續留任。

PART FOUR　營造團隊氛圍

85　與菁英為伍

職場金句

◆ 物以類聚，人以群分。
◆ 蓬生麻中，不扶而直。

有句俗話是：物以類聚，人以群分。一個人要在職場上不斷成長與進步，就要留意自己與什麼樣的人在一起。如果你處於一個混日子、慵懶散漫的團隊之中，久而久之，你也會隨遇而安，做一天和尚撞一天鐘。如果你身邊的同事、朋友勤奮好學、打拚向上、不斷努力完成目標，你也會受其影響，加倍努力。正所謂「蓬生麻中，不扶而直」。馬拉松長跑比賽中，一個團隊往往有意安排一個領跑的人，目的就是讓核心隊員看到目標，用奮力追趕的姿態去創造更好成績。如果你常與下班逛街、打遊戲、喝酒的人為伍，你想在業務上精進，幾乎是不可能的。

有一個「學霸宿舍」曾在網路上爆紅。宿舍中的六個人，都是藝術學院設計系的大四學生。

自從分到一個宿舍以來，他們一起學習，一起參加比

賽，一起度過了人生中最有意義的四年。

三年下來，六個人共同進步，一個比一個優秀。六個人的證書加起來超過 100 本，獲得的獎學金高達 18 萬元之多。

面對前來採訪的記者，他們說：「我們當中有的專業是服裝與服飾設計，有的是產品設計。但大家都經常早出晚歸，忙於學習和參加活動。如果是人很多的通識課，我們還會提前二十多分鐘去搶位子，期末前也會一起連續通宵學習。」

很難想像，在這樣的環境中，還有人會熬夜打遊戲、沉迷於享樂。

PART FOUR 營造團隊氛圍

86 職場友情都是「塑膠」的嗎

職場金句

◆ 職場中，在利益面前，同事間的感情往往是脆弱的。
◆ 我們要善待他人，但不要期待被回饋同樣的善待。

在討論國際關係時人們常說，只有永恆的利益，沒有永恆的朋友。其實，職場中，在利益面前，同事間的感情往往也是脆弱的。那麼，職場上的友誼都是「塑膠」的嗎？到底有沒有真友誼？

答案是有的，但往往需要具備一個前提條件：沒有利益衝突。

也許你認為這話說得有點絕對，現實生活中也確實有些私人感情非常好的同事，他們也無怨無悔地幫助你、支持你，但不是所有的職場友情都是如此。

《增廣賢文》中寫道：人情似紙張張薄，世事如棋局局新。職場上的友誼往往摻雜著功利的因素，我們要善待他

人，但不要期待被回饋同樣的善待。當你有了這樣的預判，往往就不會因此而困擾。

某公司財務部的張麗與王曉，是人們眼中的好朋友，兩個人前後差一年進公司，都是財會專業應屆畢業生，兩人無話不談，張麗連自己交過幾個男朋友都毫無保留地告訴王曉。然而，當財務部準備從她們兩個人中選一個擔任團隊主管時，張麗私生活不檢點、經常換男朋友的傳言就傳遍了財務部，張麗自然也與主管職位無緣。

PART FOUR　營造團隊氛圍

87　牢騷太多易斷腸

職場金句

◆ 學會控制自己的情緒，是職場基本功。
◆ 當你不再抱怨時，就是你強大的開始。

工作時間長了，難免會碰到不開心的事。下面這樣的事情，不知道你有沒有遇到過。

你努力工作取得了成績，滿心期待主管給予表揚，沒想到主管卻覺得理所當然，對你視而不見；你默默苦幹，為公司盡心盡力，想為公司做出大貢獻，同事卻無事生非，悄悄到主管那邊告你的黑狀；工作過程中出了差錯，儘管你履職盡責了，並不是你的錯，主管卻「甩鍋」給你。

諸如此類，職場中令人憤怒的事情確實非常多，碰到這樣的事情也確實糟糕極了。但我們要知道，在職場，我們可以生氣，但要控制好自己的情緒。

怒氣的產生來源於一個人對外部世界的評價、認知或解釋。這與一個人的性格、修為也有一定關係。面對同樣一件事，有的人會坦然面對，有的人會著急，有的人會生氣，有

的人會暴怒。

不良情緒被他人感知後，不僅自己的弱項、缺點被他人掌握，也會影響他人對自己工作結果的評價。如果經常發脾氣，甚至是由於自己對事情的誤解而情緒崩潰，會嚴重影響同事之間的關係。

學會控制自己的情緒，是職場基本功。職場不相信眼淚，當你不再抱怨時，就是你強大的開始。

傑克・威爾許（Jack Welch）曾被譽為世界最強 CEO。

1961 年，威爾許在美國奇異公司工作一年了。因為工作能力出色，對公司做出了重大貢獻，他得到了極高的年度評語。這時候，公司幫他漲了 1,000 美元的薪水，威爾許欣喜萬分，以為這是公司肯定他的價值。但未料到，辦公室中其他人的加薪幅度也跟他一樣。威爾許對此頗為不滿，他認為，他付出得更多，理所應當拿到更多的報酬。

於是威爾許去找公司理論，得到的解釋是：這是預先確定好的薪水浮動的標準。這個答案並不能讓威爾許滿意，他覺得公司在員工薪水問題上應該區別對待。為此，威爾許終日牢騷滿腹，一天比一天沮喪，甚至產生了辭職的念頭。

一天，部門負責人把威爾許叫到辦公室，語重心長地對他說：「你來公司雖然只有一年時間，但我很欣賞你的才華與工作熱情。以後的路長著呢，整日抱怨，無心工作，只會浪費了公司這個大舞臺，難道你不希望有一天能站到這個大舞

PART FOUR　營造團隊氛圍

臺的中央嗎？」

這時，他才幡然醒悟，不再做無用的抱怨，而是持續發揮才幹，嶄露鋒芒。

後來，他成為領導人，帶領團隊突破瓶頸克難，還毛遂自薦成為加工廠的負責人，引領了製造業的材料革命。僅僅十年後，年僅45歲的他就成為奇異公司有史以來最年輕的總裁。

88 天下沒有免費的午餐

職場金句

◆「拿人手短，吃人嘴軟」，不分場合接受別人的禮物或好處，會給自己帶來麻煩。

「拿人手短，吃人嘴軟」，意思是拿了別人的好處，就會刻意禮讓三分，即使人家有缺點或者錯誤也不敢說、不敢管。拿了人家的好處，必要的時候就要幫人家說好話，就要幫別人辦事。不分場合接受別人的禮物或好處，會為自己帶來麻煩。

職場中也是如此，同事請你吃飯、送你禮品、說你好話，一方面是同事間的禮尚往來，同時，不排除同事有事相求、有事相托。根據人們的互惠心理，接受了別人的好處，就必須給對方一些便利或回報，因此，對一些看似無緣無故的飯局或禮物，要冷靜分析，不宜匆忙答應，避免給自己留下隱患。

PART FOUR　營造團隊氛圍

　　《水滸傳》中「醉打蔣門神」的故事非常精彩。「金眼彪」施恩請武松趕走蔣門神，奪回快活林之前，並沒有直接說出自己的請求，而是給武松恩惠，先替武松說情免了一百「殺威棒」，再往後，天天送去好酒好飯，還安排人伺候武松洗澡。一個囚犯，住著單間，有肉吃，有酒喝，有僕人伺候著，還能洗熱水澡，這待遇也夠可以的了。

　　過了幾天，武松自己也不好意思白吃白喝了，說「無功不受祿」，追著問送飯的獄卒怎麼回事。到這時，施恩才現身並說出想請武松替他出頭，趕走蔣門神，奪回快活林。武松吃也吃了，喝也喝了，賴是賴不掉了，自然爽快答應，卻也因此給自己惹來了殺身之禍。

89 「群眾領袖」權力大

職場金句

- ◆「群眾領袖」在同事當中比較有人緣、有公信力、有影響力,這跟職位高低無關。
- ◆ 成為「群眾領袖」或取得「群眾領袖」的支持,對於職位發展是十分有利的。

你身邊有沒有這樣的人,看似沒什麼重要職務,卻能左右身邊一群人;看似沒什麼特殊本領,卻能贏得大家的尊重。

職場體系中,經組織安排會有不少職位,也有組織授權的各級主管,根據職位職責展開工作,這是顯性組織體系。同時,往往還有在一個員工群都認可的「非正式領導者」,也就是「群眾領袖」。這些人雖然可能不居高位,但在員工中影響力很大,同事不管是遇到生活上的事情,還是職場上的難題,首先想到的不是上級,而是第一時間來尋求他們的意見。甚至有時候部門主管做出決策,傳達下去後,好多人往往還會去根據「群眾領袖」的意見行事。所以,「群眾領袖」在同事當中比較有人緣、有公信力、有影響力,這跟職位高低無關。

PART FOUR　營造團隊氛圍

　　成為「群眾領袖」或取得「群眾領袖」的支持，對於職位發展是十分有利的。而且有朝一日當你升遷後，也更容易讓下屬心悅誠服。

　　小王來到一家小型製造公司工作，實習期半年，半年後公司根據實習情況再決定是否和他正式簽訂合約。帶他的是一位姓李的師傅。一段時間後，小王發現李師傅說話很管用，在工廠裡威望很高，他既不是老闆，也不是管事的，但他說話大家都愛聽。因此小王對待李師傅也特別恭敬。

　　實習期快滿的時候，工廠主任通知小王他被解聘了，小王覺得莫名其妙，但沒辦法，只好四處再找工作。到了第三天，小王突然接到公司人力資源部電話，通知小王去簽合約，轉成正式員工。小王特別高興，他不僅轉正了，而且還是跟著李師傅！

　　事後，公司同事告訴小王，為他的工作，李師傅都跟老闆吵起來了，並且跟老闆說，小王什麼時候回來他什麼時候工作！因為經過一段時間的觀察和接觸，他發現小王做事勤快、俐落、有眼力見，不怕髒、不怕累還肯吃苦，是個優秀的人才，這樣的人不要，公司還想招什麼樣的人呢？所以，李師傅不惜跟老闆急，也要把小王留下來。

　　而李師傅在公司裡是一把技術好手，各個操作方法都精通，所有技術問題他都能解決，老闆非常倚重他，他說的話老闆也會真心去考慮。

90　謀事要密

職場金句

◆ 事以密成，語以洩敗。為人處事，一定要謹言慎行，不要什麼話都和別人說。

戰國時期法家代表人物韓非子有句名言：事以密成，語以洩敗。這告訴世人，為人處事，一定要謹言慎行，不要什麼話都和別人說。

所謂「事以密成」，就是說事情的成功是得益於祕密地進行，成功的背後，一定有很多不為人知的努力和謀劃；而「語以洩敗」，則恰恰相反，事情往往會因為走漏了消息而功虧一簣。

我們在工作中，特別是因涉及重大變革、重大利益而調整方案時，不能方案未出，風聲先出，不僅打草驚蛇，還會引起人事反彈，影響下一步工作的展開。涉及商業機密的，要按照保密要求來落實。否則，會造成嚴重後果。當然，有時候為了試探外界反應，故意放出消息，視外界反應來完善方案，也是一種工作方法。

PART FOUR　營造團隊氛圍

《三國演義》中曹操挾天子以令諸侯，董承以受漢獻帝衣帶詔之託為由，計劃聯合朝中的忠義之士密謀誅殺曹操。

董承救國心切，找了不少的人遊說這件事，比如劉備、馬騰、王子服、吳碩等，說了一大圈以後，知道這件事的人就很多了，甚至連他家裡的僕人都對這個計畫一清二楚。

有一天，董承突然撞見一個姓秦的家奴和自己的小妾眉來眼去搞曖昧，於是下令責罰，這個家奴因害怕連夜出逃。

之後，這個姓秦的家奴跑到曹操那裡，將董承密謀的事情一五一十地向曹操告發，最終，不僅圖謀誅殺曹操的事徹底失敗，董承一家更是被滿門抄斬，這就是典型的「事以密成，語以洩敗」。

91　捧殺是最溫柔一刀

職場金句

◆ 凡事都有兩面性，你被捧得越高，摔下來的時候就越慘。

想要得到別人的表揚，是每個人的天性，也是我們努力工作的追求之一。但是在職場中，我們要學會辨別，有時候受到別人的表揚，不要沾沾自喜，說不一定是「捧殺」。

凡事都有兩面性，你被捧得越高，摔下來的時候就越慘。從心理學角度看，你希望自己擁有的形象與他人看到的形象常常是不一致的。自己看自己，總是優點多、能力強，即使有失誤，也常常歸結於客觀原因或他人原因。

作為聰明的職場人，一定要懂得審度時勢，冷靜剖析自己。別人的一些表揚，尤其是當著其他人的面，與其他人進行比較的表揚、讚賞，切不可沾沾自喜，「捧殺」是職場常見手法。

當面說你比上級更有才華是「捧殺」。在公共場合，有人誇自己，得到大家認可，很多人心裡一定很開心。但如果

PART FOUR 營造團隊氛圍

當面說你比上級更有才華,那可要小心了,這表面上是在誇你,實際上是透過刺激上級的自尊心來讓上級防範你,千萬不能得意忘形,要盡快想出良策為自己消除影響。

王欣在某家公司做銷售工作,上司是銷售處的陶經理。一次,他們遇到一個難纏的客戶,開始說好簽約,但每次到簽約時就開始猶豫,遇到問題也總是投訴業務員,許多業務員都很怕接待這個客戶。

陶經理平時跟王欣有點不和,知道對方難纏,便說給王欣一個鍛鍊的機會,讓他去談,還說談下來業績歸他所有。為此,陶經理經常在銷售處的工作討論會上公開吹捧王欣,說相信王欣一定能搞定這個客戶。

王欣一激動就立了軍令狀,說年底一定搞定客戶。費盡周折,他終於把客戶搞定,對方欣然簽約了。

但最後,對方還是出爾反爾,想要退掉這筆單子,還說業務員有各種毛病,為此還將王欣投訴到了公司上層。陶經理便以此為藉口,說王欣辜負了他的期望,立下的軍令狀必須兌現,為此罰了王欣一大筆錢。

92 沒有什麼對事不對人

職場金句

◆ 職場上從來沒有什麼對事不對人,這就是冠冕堂皇的藉口,是想要攻擊別人時的遮羞布。

職場是一個關係異常複雜的集合體。職場中,表面上展現出來的是工作,也就是事情。實際上,背後就是一個個具體的人。在日常工作中,尤其是在問責或批評某件事時,上級常對當事人說:「沒辦法,我們是對事不對人。」

但實際上,很多時候老闆就是對人不對事。因為老闆擁有權力和資源,尤其有對下屬的「合法傷害權」。同樣的事,發生在不同人身上,會有不同的處理結果。比如,老闆某天突然查考勤情況,如果一個老闆喜歡或認可的人遲到了,老闆可能就睜隻眼閉隻眼,不予追究;如果對方正是老闆不喜歡,甚至討厭的人,老闆可能就會讓人力資源部按規章制度對其進行處罰。

所以說,職場上從來沒有什麼對事不對人,這就是個冠冕堂皇的藉口,是想要攻擊別人時的遮羞布。很多時候,也

PART FOUR　營造團隊氛圍

就是需要一塊遮羞布,才能把具有攻擊性的行為表達出來,也才讓聽者能夠聽得下去。

一天,公司裡開了個研究部署某項工作的專題會。兩位素來不和的處長上演了一幕精彩大戲。

首先是韓處長,高談闊論地談了他對這項工作的一條條計畫與建議。話音剛落,王處長迅速開口,畫風驟變:「那個,我對事不對人啊,剛剛韓處長列舉的計畫裡,我認為有很多不切實際的地方,比如⋯⋯」 就這樣,他毫不留情地把韓處長的觀點從頭到腳批了一通。

韓處長豈能善罷甘休,又搶過話茬: 「我也對事不對人啊,王處長的發言,代表他對這項工作根本不了解。我澄清幾點⋯⋯」

聽到二位上級的對話,員工坐在下面聽著,差點笑出聲來。大家都知道二位處長素來不和,之所以「為了工作」在眾目睽睽下爭吵,跟事情無關,倒是跟人很相關。

93　小心那些居心不良的「祕密」

職場金句

◆ 來說是非者，必是是非人。
◆ 靜坐常思己過，閒談莫論人非，少談八卦也是職場立身之本。

職場八卦橫行是個不爭的事實，我們總能聽到別人「不小心洩漏的祕密」，這些八卦通常是我們不想知道，卻在不得不聽他人說完的情況下被動知道的，這種所謂的「不小心」，實際上就是故意洩漏的。

生活中，被告知祕密的人，通常能夠讓對方享受到被信任的感覺，大部分人也願意在不暴露自己的情況下獲得更多的外界消息。但保守祕密是很難的，有的人會炫耀，有的人是要換取對方利益，一旦有第二個人知道，那祕密就不再是祕密。

實際上，來說是非者，必是是非人。背後議論同事尤其是上司，是非常不道德的行為。聽的人，當面不好意思反駁，但也會從心底裡鄙視你。如果隔牆有耳，再傳出去，更

PART FOUR　營造團隊氛圍

會被人記恨。老話說得好，靜坐常思己過，閒談莫論人非，少談八卦也是職場立身之本。

小咪和小美，都是公司新人。小咪非常有心計，業務能力卻不如小美。小咪經常借跟同事聊天的機會，故意講一些「祕密」攻擊小美，但苦於自己沒什麼影響力，這種攻擊一直也沒什麼作用。

有一次公司談活動場地，小咪跑了很多次都沒成功，小美一出馬，居然談成了。經理很高興，誇讚小美「果然美貌也是生產力啊」。結果小咪聽後到處傳播小美「不可告人的祕密」，說小美的業績都是靠美貌得來的，還說經理處處照顧小美，就是因為「欣賞」小美的美貌。搞得同事們都覺得小美的業績並非公平競爭，小美也因此被孤立，還被懷疑與經理關係曖昧。原本在公司前途一片大好的小美，為證清白，只得辭職。而小咪也沒好到哪裡去，不僅同事對她「敬而遠之」，經理也視她為肉中刺。

94　寧得罪君子，不得罪小人

職場金句

- ◆ 君子講道義，小人講勢利。
- ◆ 君子坦蕩，小人難防。

提到職場小人，你可能也義憤填膺，說不定你也曾受小人陷害，或受困擾已久。

余秋雨先生曾說過，小人是很難定義的，他們是一團驅之不散又不見痕跡的腐蝕之氣，他們是一堆飄忽不定的聲音和眉眼。

職場中，有正人君子，也有奸詐小人。君子講道義，小人講勢利。君子坦蕩，小人難防。君子不畏流言、不畏攻擊，因為他們做事光明磊落、問心無愧。小人暴露其真面目後，就會掩飾和反擊，甚至不擇手段，毫無底線。

不得罪小人，不是因為小人的實力、能力比正人君子強多少，而是他們裝得比君子還君子，他們穿著偽善的外衣，卻在陰暗角落幹著損人不利己的勾當。跟小人打交道，不僅

PART FOUR　營造團隊氛圍

要有大義凜然的正氣，也要有百折不撓的毅力，更要有智慧和手腕，硬抓硬打可能只會讓自己遍體鱗傷。

《左傳》中有一則故事，說的是宋國和鄭國交戰之前，宋國的元帥華元宰羊犒勞將士，而為他駕駛戰車的羊斟並未分到羊肉。

開戰時，羊斟對華元說：「前天的羊肉由你做主，今天的馬車由我做主。」說完，他駕車駛入鄭軍。華元被俘，宋軍大敗。

95　辯證看待「背鍋」

職場金句

◆ 「背鍋」是代價，也是投資。
◆ 要進步，就要付出代價；要收穫，就要付出成本。

工作進展未達預期，同事之間出現矛盾，違反公司規章制度，職場中出現的這些問題最終會被問責追究。按常理說，誰工作不力或者誰違規違紀，就應該由誰來承擔責任，但現實生活中，因為種種原因，有些主管可能會要求下屬或其他人員來擔責，替他「背鍋」。有些人遇到這種情況，往往做法偏激、不願承擔。

事實上，「背鍋」是代價，也是投資。職場中，要進步，就要付出代價；要收穫，就要付出成本。有時候為上級「背鍋」，不必過於計較。「背鍋」代過，有利於維護權威和尊嚴，大事化小、小事化了。有些人因為「背鍋」，被上級認為講義氣、有擔當、敢作為，主管也欠其人情，今後可能會對其予以重用。

PART FOUR　營造團隊氛圍

某公司員工在廁所抽菸，將菸頭丟進垃圾桶，結果發生了火災。按公司規定，員工主責，部門最高主管負缺乏監督管理之責。發生火災的部門主管記大過處分，三年內不得升遷。這對於正處於事業上升期的部門主管無疑是很大的打擊，對於整個部門團隊的發展也是不利的。

在此情況下，違規員工的直屬主管李某向高層遞交檢討書，承認此次火災為自己的管理過失，承擔主要責任，部門主管負連帶責任。最後直屬主管記大過處分，三年不得升遷，部門主管在全員會上檢討，並記警告。

事情告一段落，大家都感嘆李某過於愚忠。可李某覺得部門主管能力強，為人真誠，做事專業，有極大的發展空間，再加上主管對於此類事件曾宣導多次，責任並不在他身上。李某自己也曾受上級知遇之恩，受主管的栽培，所學所得很多，自己有必要在此時維護主管。

事實證明李某沒有看錯人，三年後，部門主管因業務能力凸出升任副總。李某雖然有大過在身，但每年的加薪都是最高的，再加上後來也立過幾次小功，功過相抵，公司取消了對他的限制，李某也扶搖直上，成為上級的左膀右臂。

96　亡羊必須補牢

職場金句

◆ 前話說錯，後話找補，一些機智的補救往往會起到意想不到的效果。

亡羊補牢出自《戰國策·楚策四》，原文為「見兔而顧犬，未為晚也；亡羊而補牢，未為遲也」。後來說作「亡羊補牢，猶未為晚」。亡是丟失的意思，牢是指羊圈，也就是受損失之後設法補救，還不算晚。

在職場中，我們會經常出現一些小差池，尤其是在與上級、同事溝通的過程中沒有表現好，說了大家不愛聽的話，得罪了人，事後冷靜一想，感覺自己的表現不妥，此時不要羞於談及，也不要內心膽怯，或覺得算了。實際上，事後的補救是非常重要的。俗話說，前話說錯，後話找補，一些機智的補救往往會造成意想不到的效果。

王安麗在與客戶交接專案的時候，差點鬧出笑話。因為是第一次見，她之前也沒有做功課，等到見面的當天，她錯將老闆的祕書認成了老闆，使得場面一度有幾分尷尬。

PART FOUR　營造團隊氛圍

　　好在王安麗反應很快,她態度誠懇地跟老闆道歉道:「實在不好意思,我沒想到您這麼年輕,所以一直不敢認,看來還是我見識太淺薄了,古人說『自古英雄出少年』,果真不假。」一句話馬上就打消了對方心底的不痛快,讓本來有幾分嚴肅的客戶也彎了下嘴角,可謂非常機智的補救了。

PART Five　學會高效工作

PART Five　學會高效工作

97　通勤時間也是寶貴資源

職場金句

◆ 看一個人是否有提升空間，就要看他八個小時之外是如何度過的。
◆ 在資訊爆炸的時代，學會充分利用碎片化時間，也是自我提升的重要一步。

對每個人來說，時間都是非常寶貴的。對於職場人，看一個人是否有提升空間，就要看他八個小時之外是如何度過的。通勤時間也是八小時工作之外一段可以充分利用的時間。隨著城市的擴大，工作、生活區域的分離，職場人上下班的通勤時間被延長。從時間管理角度看，這些時間雖看似是碎片化時間，但要是浪費了也確實可惜。

我們經常在捷運車廂裡，看到有的人在聽線上課；有的人在讀電子書；有的人騎腳踏車上下班，把通勤時間變成健身時間。也有的人在打電話、發訊息與郵件，處理各種事務。在資訊爆炸的時代，學會充分利用碎片化時間，也是自我提升的重要一步。

有一位職場媽媽，工作十分繁忙，回到家還要照顧孩子，然而就在這麼繁忙的情況下，她還是出版了自己的一本專業書籍。別人問她祕訣，她說：「我只不過把通勤路上的碎片化時間利用了起來。」

原來，職場媽媽每天都要坐四十分鐘的大眾運輸上下班，她就充分利用這段時間進行書籍的構思、蒐集素材、記錄靈感。用她的話說：以前我一直以為寫作這件事，就應該虔誠焚香淨手，鋪好紙筆，坐等靈感一來就開動。但事實上，很多寫作「大咖」，不是因為他們的靈感多麼豐沛，而是他們善於把碎片化的時間利用起來，用於累積素材。

PART Five　學會高效工作

98　壓線上班不太好

職場金句

◆ 提前半小時到職,保證充足的時間,在上班時間到來時使自己更好地進入工作狀態。

雖然彈性工作制已在慢慢推行,但職場中絕大部分企業都有規定的作息時間,上下班時間都有具體要求。有些員工認為,只要在規定時間前到就可以了,也符合工作制度。

但實際上,真正的上班時間不應該從進公司大門時計算,而應該是從已經在工作職位上,並且做好了工作準備的時間算起。那些吃早餐、洗杯子、拖地、擦桌子、泡茶之類的事情,都應該在正式上班前完成。所以一般要提前半小時到公司,保證充足的時間,在上班時間到來時使自己更好地進入工作狀態。提前梳理當天的思路,做好工作準備。

把這個習慣堅持一週,你就會比同事多三個小時的工作時間,把這個習慣堅持一個月、一年,甚至是十年,不僅會給主管和同事留下好印象,更重要的是,這樣的一個小習慣,會使你不知不覺中遙遙領先他人。

99　不可追求準時下班

職場金句

> ◆ 不準時下班,不是為了拖長時間,表現給主管看,而是希望對得起自己的每一天。

以前很多國營事業員工下班,就是推著腳踏車在工廠門口等,下班時間一到,立刻魚貫而出。實際上,下班不是下班時間點到了,從公司大門離開,而是到了下班時間點,在當日工作也完成的情況下,回顧、總結當天的工作,計劃好次日的工作,再收拾完離開。此時,還要關心一下主管,如主管還未下班,考慮到可能還會安排工作或者了解情況,宜暫緩下班。如果有事要在主管下班前走,最好主動打招呼彙報,詢問有無工作安排後再離開。主管和群眾的眼睛都是雪亮的,他們都會留心和器重熱愛工作的員工,也會把機會留給那些對工作有準備的人。

下面是一個主管寫給自己準時下班的下屬的郵件,字字珠璣,用心良苦,我擷取了其中一段:

每天下班,你走得幾乎都比我早,我有兩點感受:第一,

PART Five　學會高效工作

　　心裡不爽，我還在為了團隊而奮鬥，你竟然撤了？第二，你作為一個實習生，遠離家鄉來到這裡，離開了公司又能做些什麼？你該學的、該研究的東西，不都在公司裡嗎？你回到家以後，十有八九就是在舒適圈中，應該很難有更高的工作效率吧。還有，你還是學生，住的地方肯定不如公司環境好，回家那麼早，到底為了什麼呢？

　　你可能一時半會總結不出來，我給你我的答案——你對自己沒有更高的要求。拼得凶的人我見過，不超額完成工作，他們不願意下班，不是為了拖長時間，表現給主管看，而是希望對得起自己的每一天，能夠更快速地成長，這樣才能得到重用。

　　所以，是否準時下班，要看你對自己的要求有多高。

100　專業技能不是萬能的

職場金句

◆ 一個人想在職場取得發展，一般需要四種能力，即專業素養、人際溝通能力、個人魅力、職場地位，切忌只沉迷自己的專業特長。

美國的莎莉・赫爾格森（Sally Helgesen）和馬歇爾・葛史密斯（Marshall Goldsmith）在《身為職場女性》（*How Women Rise: Break the 12 Habits Holding You Back from Your Next Raise, Promotion or Job*）一書中曾寫道：力圖在每個細節上做到精益求精，希望成為業內專家，這絕對是保住自己的工作的好主意。但當你想要在職場上再前進一步時，這個想法可能就不太對了。

有人認為，成為專家是獲得成功的最好方式，但如果你過於專注於專業，或者認為憑專業技能就可以打天下的時候，你可能沒有意識到，如果想在職場平步青雲，技能和學識只是必要條件，領導力才是最重要的。尤其是高層管理，更需要具有領導和組織那些專業技術人員的能力，這些高階

PART Five　學會高效工作

主管的專業水準如何並不重要,反而是管理能力更重要。任何職位都需要專業技能,但過於執著也會影響進步。

一個人想在職場取得發展,一般需要四種能量,即專業素養、人際溝通能力、個人魅力、職場地位(權勢),切忌只沉迷自己的專業特長。

公司的主管小劉,二十多年一直從事業務結算工作,是該領域當之無愧的業務核心。期間有很多機會,老闆提出讓她換一個職位,多方鍛鍊,但每次小劉都以「對其他工作不熟」為由拒絕了。所以,除了結算方面的技能,小劉對其他領域的工作沒有任何了解。再加上為人膽怯,小劉一直沒有機會走上管理職位,也沒有任何專案、帶團隊的經驗。

最近因為公司結算系統開始IT化,結算人員全部待命,實行雙向選擇。小劉悲哀地發現,她只會做結算報表,她引以為傲的專業技能在別的部門一文不值,根本沒有哪個部門、哪個職位向她伸出橄欖枝。

101 重視自己的可遷移技能

職場金句

> ◆ 沒有可遷移技能的員工被稱為「螺絲釘」員工。就像一顆螺絲釘，尺寸和材質只能用在一個產品上，挪到別處去，就成了廢鐵。

人們常說，隔行如隔山。跨行業工作是很難的事情，但在日常工作中我們會發現，確實有許多能人，尤其是主管，在不同職位、不同單位、不同行業中都遊刃有餘，成為馳騁職場的明星。在這裡，就必須提到「可遷移技能」這個詞了。

可遷移技能是你在職場中獲取並擁有的各種基本能力，這些能力不僅能幫助你完成眼前的工作，而且換到另一個職位、另一家公司，甚至另一個行業時，都能讓你依靠這些技能快速起步，打開市場。比如解決問題的能力、說服式溝通技巧、人才吸引力、情商、幫助和求助的能力。我們在日常工作中，不僅要練好職位單項本領，也要更加關注從日常工作中透過邏輯思維來提煉工作經驗，剖析工作事務背後的底層邏輯，更加關注自己的綜合素養。

PART Five　學會高效工作

　　沒有可遷移技能的員工被稱為「螺絲釘」員工。他們受現代企業精細化分工的影響，成為一個企業某個小眾領域的訂製化員工，就像一顆螺絲釘，尺寸和材質只能用在一個產品上，挪到別處去，就成了廢鐵。

　　在知識和資訊迅速更新，企業經營形態隨時發生變化的今天，「螺絲釘」員工面臨著極大的職業風險。

　　曾經有一段時間，媒體著重報導過高速公路收費員失業的新聞。因為某城市路橋取消所有收費，需要裁掉全部收費員。收費員無奈地說：「收費站的工作經歷讓我只會收費。如果在飯店工作，我除了會報菜名，其他什麼也不會啊。」

　　他們的遭遇傳遞了一個殘酷的事實：如果你從事的工作不能使你獲得除職位本身以外的成長，獲得可遷移技能，外部環境一旦發生變化，最先被淘汰的一定是你。

102　自我表揚也是必不可少的能力

職場金句

◆ 自我表揚不是自吹自擂,是相信自己的價值,適當展現自己的能力。

職場處處充滿競爭,為了勝出,大家八仙過海、各顯神通,但放眼職場,我們會發現,有一類人既勤懇工作、成績卓著,又低調謙遜、深藏功名,他們覺得說出自己的成績、展示自己的能力是一件令人難為情的事,在展現自己的價值和優勢的時候缺乏自信。

實際上,如果你想把自己的能力和價值發揮到最大,就一定要讓眾人尤其是上級看到你的能力和價值,知道你對成功的渴望及信心,否則,不僅會影響你日常工作的每一個環節,也會影響你的晉升。

當然,我們所講的自我表揚,不是自吹自擂,不是從自我貶低到自我拔高的翻轉,而是要相信自己的價值,適當展現自己的能力。在工作上每取得一小步成功的時候,可以給

PART Five　學會高效工作

自己一個獎勵，讓自己收穫一份成就感。看到努力的積極結果，士氣會更旺盛。

美國知名職業專家凱西・桑波恩（Kathy Sanborn）在《職場晉升手冊》（*The Seasons of Your Career*）一書中提出在職業生涯中保持積極心態的 15 條規則，其中有一條就是善待自己。可以是呵護自己的身體，也可以是時常給自己買些小禮物等等。當你以一種自己應該得到的方式對待自己時，你對人生的態度很自然地就會變得更加樂觀。

103　隨時記錄是認真的一種展現

職場金句

◆ 好記性不如爛筆頭，隨時記錄是個好習慣。

俗話說，好記性不如爛筆頭，隨時記錄是個好習慣。

養成隨時記錄的習慣，這樣可以確保你不遺漏重要的事情，確保後續工作有效展開。在日常工作中，有的人在上級辦公室談事，聽到上級提要求、講方案，內容多、記不住，常常會跟上級借紙和筆，這雖然能解決問題，但不符合職場規則。聰明的人，只要到上級那裡請示、彙報工作，或者參加會議，都會帶上筆記本和筆，及時記錄下上級要求或會議精神。

值得注意的是，日常工作中，也有的人拿著筆，但只是做記錄狀，裝裝樣子，目的是為了讓上級看到自己在記錄，這種自欺欺人的做法，毫無價值。

實習生芳芳，剛進入總公司不久，對於公司的一些流程不是特別熟悉，不過她有個好習慣，凡事都會做記錄。

有一次總公司做行銷活動，要把宣傳的用品和行銷用的獎品寄到分公司。到貨後，分公司的人發現數量不對，少了

PART Five　學會高效工作

一部分。分公司的收貨人一口咬定,是總公司把發貨數量搞錯了。

幸虧芳芳有及時記錄的習慣,訊息、郵件等都有記錄,她將之前的記錄與之一比對,之後透過有效溝通,用合理的方式督促分公司的收貨人把缺少的物品補齊了。

104　上級不在時，一樣工作

職場金句

◆「不求有功，但求無過」的人，注定會原地踏步甚至被淘汰。

身為職場人，我們經常會糾結一個問題，那就是：我們到底是為誰而工作，是為公司，為老闆，還是在為自己？從日常工作表現來看，大多數人會覺得自己是在為老闆工作。

但其實這種想法是不正確的。一個成功的職場人士，就是一個充滿熱情的戰士，即便老闆不在場，也不需要別人提醒和監督，能夠自覺做好自己的工作。「當一天和尚撞一天鐘」、「不求有功，但求無過」的人，注定會原地踏步甚至被淘汰。

老闆不在時，也一樣工作，不要做表面文章。但往往做表面文章是很多職場人的習慣，只要老闆在，就假裝很認真、很敬業，老闆外出開會或辦事，立刻放任自流。

不少人都有這樣的想法：既然老闆不在場，做了他們也看不到，豈不是白費力，只會浪費我的時間和精力。他們的

PART Five　學會高效工作

表現，就是為了讓老闆看。殊不知，老闆也會有不經意出現的時候，這個時候老闆看到的，必然感覺不同。還有，你的行為同事都看在眼裡，以後老闆找同事了解情況，也會暴露你的真實情況。而且，如果你長時間上班「摸魚」，沒有績效，那最後受影響的還是自己。

真正地對工作負責，是不需要主管監督的，做好自己的工作，完成自己的任務，才是自己的立足之本。

105　拖延是不受待見的壞習慣

職場金句

◆ 一時拖延一時爽，事到臨頭火葬場。

在上級點評下屬的評語中，做事拖延是經常出現的詞，員工做事拖延也是上級很反感的行為。

很多人都是拖延症患者，不喜歡做的事情總是盡量把它扔在一邊，能拖多久就拖多久，直到截止日期臨進，才手忙腳亂地應付一番。工作拖延的弊端是不言而喻的，它會讓你的工作越積越多，完成效果大打折扣。更要命的是，它還會影響情緒、團隊進度和人際關係等。

一時拖延一時爽，事到臨頭火葬場。所以，職場人一定要學會時間管理，按照事情的重要程度和緊急程度妥善安排工作。尤其是應該及早處理既重要又緊急的工作，有些人看起來忙忙碌碌的，不是有意拖延工作，但因為不會有效安排工作，眉毛鬍子一把抓，導致一些重要工作被耽誤，受到上級批評後還滿肚子委屈。

PART Five　學會高效工作

要克服拖延，高效工作，可以採用以下方法：

- 一點一滴地做，把大任務分解成一個個小目標去做。
- 沒有「必須做」，只有「想要做」，從被迫的牴觸情緒調整為主動的積極情緒。
- 走出去想辦法，克服沒主意。
- 給自己設定期限。
- 消除所有干擾，比如關掉手機、音樂等。
- 停止完美主義，實事求是地完成日常工作，減輕完美主義思想帶來的壓力。

106　發揮優勢比改正缺點更重要

職場金句

◆ 揚長避短才是進步的致勝法寶。
◆ 取人之長，容人之短，不求完人，但求能人。

在現代管理學中，有一個「木桶理論」，它講的是一個木桶能盛下多少水，並不是由組成木桶壁最長的一塊木板決定，而是由最短的那塊木板決定的。

很多人受木桶理論的誤導，認為要想獲得進步，改進自己的短板是第一要務。但從實際效果來看並非如此，揚長避短才是進步的致勝法寶。

每年考評的時候，上級或人力資源部常常會提到你的缺點，鼓勵你努力並加以改正，這當然是需要的。但縱觀一些人的職場發展軌跡，很少有人透過改正缺點而獲得成功，更多的人是透過發揮優勢而獲得成功的。比如，在銀行工作，你手腳不麻利，點鈔不如同事快，但溝通能力強，與其天天練點鈔，還不如主動做行銷，提升業績，那樣會讓自己發展得更好。

PART Five　學會高效工作

　　胡雪巖身邊的許多人，在別人眼中都是「敗家子」，但胡雪巖照樣敢用，而且還將其培養成了不可替代的特殊人才。這正是胡雪巖「取人之長，容人之短，不求完人，但求能人」用人觀的最好展現。

　　書中講道：劉三才因喜好賭博，將家產輸了個一乾二淨，別人都避之不及。但胡雪巖發現他善於交際、精於享樂，於是把他帶在身邊。每每需要與江湖人士、達官闊少打交道的時候，就是劉三才大放異彩的時候。劉三才透過自己的一些技能，幫助胡雪巖和蘇州絲行寨頭龐二建立了良好關係，為胡雪巖進軍絲業奠定了基礎。

　　陳世龍原是一個整天混跡於賭場的「混混」，胡雪巖也看到了他的長處：一是這小子靈活，與人結交從不露怯，打得開場面；二是這小子不吃裡扒外，不出賣朋友；三是這小子說話算數，有血性。正是因為這些優點，胡雪巖才將他調教成經商跑江湖的得力助手。

　　敢用這些「雞鳴狗盜」之徒，並能將其調教成不可多得的人才，胡雪巖的用人之道確有過人之處。

107　職場溝通，結論先行

職場金句

◆ 結論先行，即直接說出結論，先表明自己的認知和觀點。
◆ 這種以內容重要性為順序的金字塔模式，是職場中通用的表達模式。

　　職場溝通中，彙報工作、交流資訊，很多人習慣做流水帳，按事情發生順序來彙報，不僅流程長、內容繁瑣，而且沒重點。對工作忙、時間緊的上級而言，這自然不會留下好印象，也不會收到實際效果。所以，有人總結：職場溝通，結論先行。結論先行，即直接說出結論，先表明自己的認知和觀點。

　　這種以內容重要性為順序的金字塔模式，是職場中通用的表達模式。這種模式的主要特點是結論先行，以上統下，歸類分組，邏輯遞進，先重要後次要，先全域性後細節，先結論後原因，先結果後過程。就是首先把事情歸納出一個中心論點，而此中心論點可以由三到七個論據支持，這些一級

論據本身也可以是個論點，被三至七個二級論據支持，如此延伸，像個金字塔。

彙報工作、回答問題、日常郵件、會議推進都能用的萬能法則——PREP 原則。

- P：Point= 結論先行
- R：Reason= 講明依據
- E：Example= 具體事例
- P：Point= 重申結論

比如我們用 PREP 原則向別人推薦一本職場技能提升的書籍：

- Point：本書的目的是希望大家掌握 ×× 技能，這些技能能幫助大家 ××××。
- Reason：為什麼我們需要掌握 ×× 技能呢？詳細闡述理由。
- Example：列舉書中比較典型的知識點，具體事例讓人印象更深。
- Point：最後進行總結，再次重申書籍的亮點，點明書籍帶來的價值。
- 用好 PREP 這個萬能模式，工作彙報、年終總結等全都能夠輕鬆解決。

108　當面溝通不可忽略

職場金句

◆ 多見面,不僅能提高效率、提高準確度,還能增進感情。

隨著通訊技術的發展,現代社會人與人之間溝通的管道越來越多,也越來越便捷,除了電話、郵件,簡訊在職場溝通中的作用也越來越大。但是,工作中,重要事項還是要當面溝通,當面溝通的效果要比打電話或傳訊息更好。

當面溝通,不僅能提升效率、提升準確度,還能增進感情。另外,面對面溝通時,還可以透過對方的表情、動作,以及所處場景等非語言因素來做輔助判斷,進而幫助自己更好地進行溝通交流。

有兩位同事,一位是財務部會計,一位是 IT 部門數據統計主管,兩個人工作上有交集,每個月都要核對數據。

有一天,數據統計的主管離職了。財務會計聽到後,說了一句:「啊?他要離職了?我們兩個接洽工作四五年了,至今還沒有見過面呢。」

PART Five　學會高效工作

　　兩個人在一個辦公樓裡，樓層相差三層，走到對方的座位只需五分鐘。每個月都有合作工作，而且還是很重要的數據核對工作。這麼多年居然都沒有見過面⋯⋯

　　後來，部門在抽查、核對這個項目時，發現了他們在合作的工作中出現了較大金額的差錯，主要原因就是兩個人只是透過郵件接收、複製數據。至於這個數據背後的意義、計算的邏輯是什麼，兩人沒有想過。

109　私下溝通比正式溝通重要

職場金句

> ◆ 要想在正式溝通中取得實際效果，離不開前期的私下溝通。

職場中，討論問題、形成方案或決議，都會根據相關規定進行正式溝通。

但所謂「工夫在詩外」，要想在正式溝通中取得實際效果，離不開前期的私下溝通，也就是人們常說的先私下告知，聽聽各方意見，達成共識後完善方案，然後進行正式溝通，做出決策。對一些議題，尤其是容易產生爭議的議題，貿然上會進行正式溝通，容易產生不良後果，也不利於公司內部團結合作。

根據老闆的想法，人力資源部在會上提出了機關部門薪酬考核改革方案。和以前的薪酬機制相比，最大的差別在於放棄了「平均主義」，對機關部門的職員薪酬做了分層管理。屬於市場行銷等前端一線部門的獎金係數變成了1.3，屬於後端支撐部門的獎金係數變成了1.15，而辦公室、工會、行

政等行政管理部門獎金係數只有1。相當於前端一線部門的獎金平均要比行政管理部門多了三成，這是因為要依賴他們完成各項指標任務。

但改革方案觸及各方的利益實在太大，由於人力資源部沒有事先和各個部門溝通，結果各部門在會上吵成了一鍋粥。特別是行政管理部門幾位元老級的人物更是憤憤不平。老闆一看自己提倡「多勞多得」的想法不被接受，也氣得拂袖而去。人力資源部感受到了前所未有的尷尬。

幸好，人力資源部的負責人吸取了教訓，會後，他找會上鬧得最凶的人員一個個進行私下溝通，曉之以理，動之以情，終於達成共識，將薪酬改革方案實施了下去。

110　事先溝通重於事後溝通

職場金句

> ◆ 相比事後費時費力補救，事先積極溝通，是相對容易的一個步驟，也是保障工作順利推進的第一步。

筆者出版的書籍發行後，很多讀者在網上留言評論，認為這是一本難得的職場溝通教科書，對提升溝通能力幫助很大。

但實際工作中，很多人習慣等工作結束，或出現困難、產生矛盾才協調各方進行溝通。其實，如果事先進行溝通，集聚各方智慧，統一思想認識，透過事先打招呼的方法，可以在工作中少走很多彎路，大家的滿意度也會更高。

特別是工作的主導部門，要對工作內容進行分析，梳理本工作需要哪些部門參與、應分別承擔哪些職責，承擔難點、重點工作的是哪個部門，他們在接受工作時可能存在什麼問題。要找到關鍵部門進行事先溝通，徵求對方意見，確定合理的方案。當對方得到尊重時，更容易接受工作的分派。

PART Five　學會高效工作

　　相比事後費時費力補救，事先積極溝通，是相對容易的一個步驟，也是保障工作順利推進的第一步。

　　老張前不久買了新房，在裝潢的時候想在陽臺安裝一個升降晾衣架，於是買來晾衣架請工人上門安裝。

　　老張事先沒有和管理公司及樓上鄰居溝通，不了解樓上住戶陽臺下面是否鋪設有水管或電線，就貿然讓安裝工人在陽臺頂部鑽孔打洞，不慎擊穿樓上住戶陽臺下面鋪設的水管。水柱像瀑布似的傾瀉下來，老張家精心改造的陽臺頓時變成澤國，先前的裝潢前功盡棄。

　　倘若老張安裝衣架前主動溝通，向管理或樓上樓下鄰居詳細了解陽臺的構造，避開「雷區」，就不會發生這次既影響別人生活又讓自己家中遭殃的裝潢事故。

　　在工作中同樣如此，做任何一項工作，前期的溝通交流非常重要。事情做實做細，和其他部門達成一致，就能讓我們少犯許多錯誤、少走許多彎路，也就能規避後期產生的各種糾紛。

111　書面溝通前宜先口頭溝通

職場金句

◆ 正式請示前，應先口頭溝通，上級認可後行文。
◆ 跨部門、跨層級溝通，一個重要原則就是永遠不要嫌麻煩。

　　職場中，重大事項一般都是用書面資料來請示、報告。在正式請示前，應先口頭溝通，上級認可後行文，這樣做一方面是尊重對方，也給對方一個思想準備，另一方面也提前就溝通事項進行交流，徵求了意見，完善了方案，提高了工作的精準性，能避免做很多無用功。

　　特別是跨部門、跨層級溝通，一個重要原則就是永遠不要嫌麻煩。在和對方口頭溝通達成一致之前，不要輕易以郵件、公函的形式去處理事情，萬一未達成一致，就容易形成被動的局面。

　　王經理的下屬向王經理告狀，說總部一個重要項目的新負責人拒絕把他列為該項目技術檔案的審閱人員，並把拒絕的郵件轉發給了王經理。王經理收到郵件一看，該新負責人

PART Five　學會高效工作

　　就王總下屬的郵件申請直接回覆了幾個字——不同意，沒有任何進一步的解釋。

　　王總一看到郵件上的幾個字當時就氣炸了。他和下屬已經在這個項目上投入了一年多的時間，經驗豐富，而且很有成效。現在新官上任居然連技術檔案都不給他們看，而且回覆如此簡單粗暴，既沒有說明理由，也沒有事先打個電話進行解釋。太欺負人了！

　　王總感覺有口氣憋在心裡，坐也不是，站也不是，後來到房間拿起枕頭摔打發洩了好一會才緩過來。

　　因為新的負責人溝通方式粗暴、不積極共享項目資訊、沒有團隊合作精神，王總和下屬在以後的項目推進中總是以牴觸的方式對待，使得這個項目最終失敗。

112　沒有森林，也要有盆景

職場金句

◆ 職場是殘酷的，如果全面發展與領先很難，我們就要研究如何單點突破。

職場充滿著競爭，在相同的規則下，大家都在努力打拚，力求脫穎而出，實現職業理想。但職場也是殘酷的，要想全面發展與領先，是很難的。這個時候，我們就要研究如何單點突破。

就以銀行工作為例，全面思維關鍵指標考核如果不占優勢，那就要在存款、貸款甚至基金銷售某個小指標上取得突破，在細分領域領先。在經濟界，人們經常提到「單打冠軍」這個提法，也是這層含義。

有一次，主要管理層視察某部門，說：「你們做的工作不少，什麼都做了，但又感覺什麼都沒有做。」造成這一結果的原因就是沒有特色，缺少讓人眼前一亮、為之一振的那種內心驚嘆。有了特色工作，彙報時才能拿得出手，讓上級留下深刻印象。

113　學會補臺，不要拆臺

職場金句

◆ 互相補臺，好戲連臺；互相拆臺，一起垮臺。
◆ 補臺不是毫無主見的盲從，更不是毫無原則的遷就。

「塞翁失馬，焉知非福」「城門失火，殃及池魚」都是非常有名的典故。職場作為一個特殊生態系統，其實也是同樣的道理。個人作為公司的一分子，公司裡其他的人和事都直接或間接與你相關聯，那種「只管自掃門前雪，不管他人瓦上霜」甚至「落井下石」的員工，哪怕短期看似占了點便宜，最終都不會有好結果。

團隊是一個集體，團結合作、主動補臺不只是一種工作方法，更是一種品行操守、一種胸懷胸襟。互相補臺，好戲連臺；互相拆臺，一起垮臺。

工作中有人幫助補臺，就可能避免錯誤，或是將損失降到最低。當然，補臺也不是說毫無主見地盲從，更重要的是發現問題和不足，大膽提出意見，修正錯誤，不斷完善決策；

補臺更不是毫無原則地遷就，對涉及個人利益的小事要講風格，至於原則性的問題，則要勇於「拆臺」，這樣的拆臺恰恰是為大局更好地補臺。

曾經的營業稅大戶某玻璃廠，1990年代初期年營業稅過千萬，是全市明星企業，此後，因個別主管決策失誤，技術核心人員在外找副業，工廠沒有了正氣，人心渙散，生產經營逐漸惡化，最終導致工廠破產、千餘員工失業的悲慘局面。如果一開始就有人提出意見，或向上級反映工廠存在的問題，引起大家的關注並加以整頓，營業稅大戶不會破產，千餘員工自然也不會失業。

PART Five　學會高效工作

114　急事緩辦，緩事急辦

職場金句

◆ 人在職場，遇急遇險在所難免，能夠坦然面對，急事緩辦、緩事急辦才是大智慧。
◆ 急事緩辦展現的是一個人沉著冷靜、深思熟慮的智慧、勇氣和應變能力。
◆ 緩事急辦顯示的是一個人的工作態度、工作的計畫性和條理性。

職場中，事務繁雜，很多人每天都很忙，精力、資源又有限，大家都按利益最大化原則來區分處置。首先要完成的是重要又緊急的任務，但即使不重要、不緊急的工作，也是必須要完成的，並不是說就可以忽略。比如，主管讓你寄一份資料，而你正忙於起草一份報告，馬上就要召開全員大會，自然，這時候要先撰寫資料，但事後，資料還需要寄出。

關鍵時刻要學會急事緩辦、緩事急辦。

所謂「急事」往往是突發事件、緊急事件、影響全域性的

事，會讓人措手不及。人在職場，遇急遇險在所難免，能夠坦然面對，急事緩辦、緩事急辦才是大智慧。急事急辦可能會忙中出錯，急上加急就會漏洞百出，難以彌補。急事緩辦展現的是一個人沉著冷靜、深思熟慮的智慧、勇氣和應變能力，遇到急事應當冷靜思考、從容應對，不急於表態，不隨便答覆，考慮周全後再去妥善辦理。

所謂「緩事」，是指常規性、日常性事務或者預先知道需要做的事，這些都是你職責內必須做的事。如統計報表、會議紀要、旬報月報等，有的人往往認為這謝是一週或者一個月以後的事，現在不用著急，以後再說，最後緩事都變成了急事，時間到了就措手不及，弄得一團糟。緩事急辦顯示的是一個人的工作態度、工作的計畫性和條理性，對緩事要有計畫，抽空及時做，不要拖延，要事先安排，以免臨時抱佛腳，忙亂而又得不到好結果。

東晉十六國時期，前秦皇帝苻堅統一北方勢力後，率軍百萬在淝水駐紮，準備攻打東晉。危急關頭，丞相謝安向晉帝舉薦，由謝石為征討大都督，大將謝玄、謝琰領八萬精兵抗敵。

謝玄領命後問謝安計策，謝安神色平和，毫不慌張，回答說：「我心裡已經有謀劃了。」接著就不再說話了。

於是，謝玄讓張玄再去請教。

謝安乾脆下令坐車去山間別墅，召集親朋好友，以別墅

PART Five　學會高效工作

為注和張玄下圍棋。實際上謝安也知道棋藝不如張玄，但張玄心中害怕，只和他下了個平手，未取勝，別墅未易。

之後，謝安仍然外出遊玩，到了夜裡才回來，但是指揮安排各個將領，各領其職。最終，在謝安的指揮和各將士的英勇作戰之下，東晉擊敗了前秦，取得了勝利。

謝玄在前線打敗符堅後，驛站傳回戰報，謝安正在和客人下圍棋，看完戰報，就放在床上，臉上毫無欣喜之色，依舊繼續下棋。

客人問他何事，他緩緩地回答說：「小子們打敗了敵人。」後來，人們用「圍棋賭墅」這一典故來形容人遇到急事時，也能從容鎮定，舉重若輕。

115　抓本質、抓重點、抓關鍵

職場金句

◆ 打鼓打到重心處，工作抓到要害上。
◆ 要把好鋼用在刀刃上，一把抓不如抓一把。

你是不是也曾有過這樣的感覺：早上一踏進辦公室，就忙著整理資料，還要下派任務，要爭取費用，要調解員工矛盾，還要安排幾個會議，有滿滿的工作在等著你，恨不得自己有三頭六臂。

面對紛繁複雜的工作，切記不能眉目鬍子一把抓。要學會運用辯證法，善於「彈鋼琴」，牢牢把控工作的節奏、力度和品質，善於抓本質、抓重點、抓關鍵，確實做到「打鼓打到重心處，工作抓到要害上」。

抓本質，就是要善於透過現象看本質，知其然更要知其所以然，要深刻、系統、辯證地看問題，堅持「打破砂鍋問到底」，深挖細查，為工作打牢基礎。

抓重點，就是要抓工作的主要矛盾和矛盾的主要方面，始終能分清主次、合理布局，以重點帶動一般，不平均用

PART Five　學會高效工作

力,不要「眉毛鬍子一把抓」,要把好鋼用在刀刃上,一把抓不如抓一把,都想滿把抓反倒都抓不住。

抓關鍵,就是要掌握關鍵少數,掌控關鍵環節,認準關鍵時機,「射人先射馬,擒賊先擒王」,牽牛牽住牛鼻子,打蛇打到七寸上,牢牢掌握工作主動權,集中精力,抓住不放,持續用力,善作善成。

工作中要學會「彈鋼琴」,可以從以下七個方面進行:

一是要心中有譜,明確目標、任務、定位和目前所處位次、所面臨的短板,積極探索解決問題的辦法、措施。

二是要勇於擔當,積極主動地去工作,並且要做好。

三是要提升能力,善於發現問題、研究問題、解決問題。

四是要善於「釘釘子」,對發現的問題要追蹤、監督、落實,一個環節一個環節地盯緊。

五是要統籌協調,分清輕重緩急,做到補臺不拆臺,到位不越位。

六是要反思、總結,在覆盤中總結、提升。

七是要從嚴從實,立足於小,立足於早,強化過程監管,步步抓落實。

116　小事也要做到極致

職場金句

> ◆「一屋不掃，何以掃天下」，影響一個人成長進步的，往往都是一些小事。
> ◆ 工作不留「小尾巴」，把所有事情都做到極致，也是職場致勝的祕訣。

「一屋不掃，何以掃天下」，在職場中能從事轟轟烈烈大事的人畢竟很少，影響一個人成長進步的，往往都是一些小事。比如，向上級彙報一項工作，有的人手寫一份資料，有的人用電腦列印這份資料，上級心中自有高低之分；有的文案甚至請假條之類的簡單幾個文字，居然有錯別字。

在日常生活中，我們要把自己所從事的工作當成最後一道工序，無論何時何地、何種事情，你提供給別人的，永遠是正品，而不是半成品，更不能是次品。哪怕主管請你發一份快遞，你也要把收件人資訊填準確，寄送出去後，及時告知主管及收件人。

工作不留「小尾巴」，把所有事情都做到極致，也是職場

PART Five　學會高效工作

致勝的祕訣。

比爾蓋茲（Bill Gates）曾在一次電視訪談節目中說：不管做什麼工作，我們都要力求把每一件瑣碎的事情做得更出色，即使做了 99 件事都沒有出現機會，也必須鍥而不捨地做好第 100 件。只要一直堅持下去，就能為自己創造成功的機會。

日本戰國大名石田三成在還沒成名之前，只不過是寺廟中一名打雜的人員。一天，號稱日本戰國三英傑之一的豐臣秀吉從此處經過，由於口渴，豐臣秀吉走進寺廟求水喝，當時接待他的就是石田三成。

在日本，茶道是非常講究的，因此石田三成在沏茶時特別認真，他十分用心地為豐臣秀吉準備了三碗茶，這三碗茶分別使用了三個大小不同的碗，茶溫也不一樣。大碗盛的是溫茶，中碗盛的是稍熱的茶，小碗盛的是熱茶。

同樣都是茶，但是碗的大小、茶的涼熱各不相同，正是這點區別表現出了石田三成的獨特用心。

後來，豐臣秀吉忍不住問石田三成為何要這樣做，石田三成解釋說：「第一碗茶是溫的，用大碗來盛，是給將軍解渴的；第二碗茶是為了讓將軍品味而準備的，將軍已經喝過一大碗茶，此時不會太渴了，因此茶的溫度就要稍熱，量也要少些；第三碗茶則純粹是為了讓將軍品茗，因此奉上的茶量就更少了。」

聽了石田三成的一段話，豐臣秀吉特別感動，他沒想到

一個在寺廟打雜的人會這麼細心，不僅做事如此認真，考慮也如此周全。於是，他把石田三成安排在自己幕下，將其培養成了一代名臣。

PART Five　學會高效工作

117　冷板凳也要坐熱

職場金句

> ◆ 甘坐冷板凳，埋頭扎扎實實做好每一件普通的小事，日積月累，也必將有豐碩成果。

職場風雲多變，人們在受到重用或工作進展順利時，時刻充滿了熱情，如果暫時未受到器重，感覺懷才不遇或者工作遲遲不見成效，有些人就「做一天和尚撞一天鐘」，缺乏堅毅的信和頑強不息的精神，那自然不會有所收穫。如果甘坐冷板凳，埋頭扎扎實實做好每一件普通的小事，日積月累，也必將有豐碩成果。

一位在超市工作的阿姨登上熱門搜尋，只因為她幹了一件事：滅蚊。這位阿姨是上海一間大潤發超市的清潔管理員，主要工作就是防治有害生物，如蚊蟲、蒼蠅等。這份工作，她幹了13年，職位的存在感很低，可她沒有敷衍。先是研究蚊子，日子久了總結出一套蚊子的「作息規律」。市面上的滅蚊工具不多、效果不好，她就自己想辦法。眼皮底下的蚊子沒有了，她還想著如何防治未來的蟲害。明明不屬於自己的

職責範圍,她卻把自己的工作範圍延伸到超市門口 200 公尺以外。她的工作很普通,但她把這普通的工作做到了極致,成為專家。超市附近的居民一到夏天,就來向她請教消滅蚊蠅的方法。

PART Five　學會高效工作

118　不要自我設限

職場金句

◆ 自我設限可以防止自身能力不足帶來的挫敗感，暫時保住自我價值，但常常剝奪了設限者的成功機會。

◆ 任何時候，在老闆已經將任務安排下來的前提下，最好的做法就是先果斷接受。

在職場中，大多數人缺乏必勝的信念，因而在接受任務時自我設限、畏畏縮縮。

「自我設限」是一個心理學術語，其定義是：個體針對可能到來的失敗威脅，事先設計障礙的一種防衛行為。

通俗易懂地說，就是普通人面對困難時，總是會說「我不行」、「我做不了」。這種防衛行為雖然可以防止自身能力不足帶來的挫敗感、暫時保住自我價值，但常常剝奪了設限者的成功機會。

在現代職場中，不管你樂不樂意，多少都會接到「不可能完成的任務」。如完成超出預期的目標，拿下時間極其緊張

的建設項目，搞定一項困難重重的簽約等等。在困難面前，很多人都會找出各種理由退縮，但一味迴避肯定是不行的，因為「職場懦夫」是永遠不會得到垂青的。我們必須學會邁出自我設限的門檻。任何時候，如果老闆已經將任務安排下來，最好的做法就是先果斷接受，然後全力以赴去完成。

國家圖書館出版品預行編目資料

做一個與眾不同的職場新人，118 個高效工作法則，讓前輩不記住你都難！從時間管理到技能優化，全面提升工作表現，成為頂尖人才 / 陳亞明著 . -- 第一版 . -- 臺北市 : 樂律文化事業有限公司 , 2024.08
面 ; 公分
POD 版
ISBN 978-626-7552-18-6(平裝)
1.CST: 職場成功法
494.35　　113012071

電子書購買

爽讀 APP

做一個與眾不同的職場新人，118 個高效工作法則，讓前輩不記住你都難！從時間管理到技能優化，全面提升工作表現，成為頂尖人才

臉書

作　　者：陳亞明
責任編輯：高惠娟
發 行 人：黃振庭
出 版 者：樂律文化事業有限公司
發 行 者：崧博出版事業有限公司
E - m a i l：sonbookservice@gmail.com
粉 絲 頁：https://www.facebook.com/sonbookss/
網　　址：https://sonbook.net/
地　　址：台北市中正區重慶南路一段 61 號 8 樓
8F., No.61, Sec. 1, Chongqing S. Rd., Zhongzheng Dist., Taipei City 700, Taiwan
電　　話：(02) 2370-3310　　傳　真：(02) 2388-1990
律師顧問：廣華律師事務所 張珮琦律師
定　　價：375 元
發行日期：2024 年 08 月第一版
◎本書以 POD 印製
Design Assets from Freepik.com